ANALYTIQUE

POUR FACILITER

L'ÉTUDE DES PLANTES

DANS LA NOUVELLE FLORE

DU

DÉPARTEMENT DE LA MOSELLE.

PRIX : 1 FRANC.

A METZ,

Chez VERRONNAIS, Imprimeur-Libraire, rue des Jardins, 14.

1847.

TABLE ANALYTIQUE

POUR FACILITER

L'ÉTUDE DES PLANTES

DANS LA NOUVELLE FLORE

DU

DÉPARTEMENT DE LA MOSELLE.

(par H. Landre)

PRIX : 1 FRANC.

A METZ,
Chez VERRONNAIS, Imprimeur-Libraire, rue des Jardins, 14.

1847.

Table analytique d'après la méthode de Lamarck et de de Candolle, des genres de plantes décrits dans la Nouvelle Flore de la Moselle.

Après avoir décrit dans la nouvelle Flore du département de la Moselle les plantes dans l'ordre du système des familles naturelles de De Candolle, généralement adopté aujourd'hui, nous croyons utile de les présenter encore dans une table analytique, comme nous l'avons fait pour la première édition de la Flore. Au moyen de cette table, on pourra, par l'analyse d'une plante, arriver plus facilement à en découvrir le nom.

Cette table analytique, arrangée d'après celle de Lamarck et de De Candolle (Flore française), est, en effet, plus simple et beaucoup plus facile que les tables synoptiques qui accompagnent les nouvelles Flores disposées par familles naturelles. A l'aide de cette table, on apprend à bien distinguer les caractères d'une plante et l'on peut sans beaucoup de peine en trouver le nom générique ; puis recourant par le N.° de renvoi aux descriptions détaillées des plantes de chaque genre dans l'ouvrage, on parviendra de même à découvrir le nom de l'espèce que l'on veut connaître.

Voici la manière de faire usage de la Table analytique :

Chacun des N.os de la table présente deux caractères opposés avec renvoi à des N.os suivants, et enfin à la page où se trouve décrit le genre indiqué.

Pour analyser une plante, il faut la prendre au moment, où elle est en pleine floraison, entière, et s'il se peut, aussi en fruit ; puis en partant du N.° 1 de la table, aller successivement à chacun des N.os auxquels renvoie celui des deux caractères mentionnés que l'on reconnait appartenir à cette plante et continuant ainsi jusqu'à ce qu'on arrive à l'indication d'un genre, qui est celui dont elle fait partie.

Pour déterminer l'espèce, on devra recourir aux passages indiqués dans la Flore, où les espèces du genre sont décrites et distinguées par les caractères qui leur sont propres.

Nota. Les chiffres placés à la fin des lignes renvoient aux N.os de la table; ceux qui sont entre deux parenthèses ( ) renvoient aux pages de la Flore.

TABLE ANALYTIQUE.

1	Plantes phanérogames; fleurs à étamines et pistils apparents, visibles à l'œil nu. . . . . *Voyez le n.°*	2
	Plantes cryptogames, à fleurs nulles ou indistinctes . . . . . *Voyez le n.°*	652
2	Fleurs disjointes ou non réunies dans une enveloppe commune, et les anthères libres.	3
	Fleurs conjointes ou réunies plusieurs ensemble dans un calice commun et les anthères soudées.	581
3	Fleurs hermaphrodites, c'est-à-dire, munies d'étamines et de pistils . .	4
	Fleurs uni-sexuelles, n'ayant que des étamines ou bien des pistils. . . 508	*bis.*
4	Fleurs complètes, c'est-à-dire, munies d'un calice et d'une corolle distincte.	5
	Fleurs incomplètes, munies d'un calice ou d'une corolle seulement, ou dépourvues de l'un et de l'autre. . . .	384

5	Corolle monopétale, c'est-à-dire d'une seule pièce.	6
	Corolle polypétale, ou de plusieurs pièces.	145

Monopétales.

6	Ovaire libre, placé dans la carolle.	7
	Ovaire adhérent au calice, ou placé sous la corolle.	129
7	Cinq étamines ou moins.	8
	Six étamines ou plus.	123
8	Corolle régulière, ou à parties sensiblement égales.	9
	Corolle irrégulière, ou à parties inégales, ou à éperons.	60
9	Cinq étamines.	10
	Moins de cinq étamines.	46
10	Étamines alternes avec les lobes de la corolle	11
	Étamines placées devant les lobes de la corolle.	13
11	Feuilles nulles ou radicales, ou alternes le long de la tige.	12
	Feuilles opposées ou verticillées.	39
12	Un seul ovaire simple.	17
	Deux ou 4 ovaires, entre lesquels s'élève le style.	20
13	Feuilles alternes ou éparses, ou radicales.	14
	Feuilles opposées ou verticillées.	15
14	Hampe nue, feuilles radicales. (page 577)	Primevère.
	Tige feuillée. (p. 578).	Samolus.
15	Cinq étamines.	16
	Quatre étamines (p. 576).	Centenille.

16	Capsule à cinq valves, fleurs jaunes (page 574). . . . . Lysimachie.	
	Capsule s'ouvrant en boîte à savonette, fleurs jamais jaunes (p. 575).. Mouron.	
17	Plantes munies de feuilles.	18
	Plantes dépourvues de feuilles. . (page 476).. . . . . Cuscute.	
18	Limbe de la corolle cilié sur les bords, ou tout hérissé en dessus.	19
	Limbe de la corolle ni velu ni cilié. . .	20
19	Limbe de la corolle barbu. . . (page 469). . . . . Ményanthe.	
	Limbe de la corolle cilié. . . (page 470).. . . . . Villarsia.	
20	Solanées.. Corolle en roue	21
	Corolle en entonnoir, ou en tube, ou en cloche.. . . .	25
21	Anthères s'ouvrant par deux fentes longitudinales	22
	Anthères s'ouvrant par deux pores à leur sommet. . . . . (p. 491). Morelle.	
22	Calice renflé après la floraison, et renfermant la baie (p. 494).. Coqueret.	
	Calice ne grandissant ni ne se renflant après la floraison.	23
23	Corolle un peu irrégulière, étamines souvent velues.. (p. 498).. Molène.	
	Corolle régulière, étamines glabres . .	24
24	Fleurs blanches, graines glabres, baies rouges et lisse . . (p. 493). Piment.	
	Fleurs jaunes, graines velues, baie anguleuse et sillonnée (p. 494).. Tomate.	
25	Corolle parfaitement régulière.	26
	Limbe de la corolle à lobes inégaux et coupés obliquem.[1] (p. 497). Jusquiame.	

26 { Corolle en forme de tube ou d'entonnoir allongé. 27
Corolle en forme de cloche. 28

27 { Corolle à 5 angles, ou à 5 plis dans sa partie supérieure (p. 496.) DATURA.
Corolle sans angles ni plis, mais à cinq lobes. . . . . (p. 496.) TABAC.

28 { Fruit charnu ou baie, étamines égales (p. 495). BELLADONE.
Fruit capsulaire, étamines inégales, (p. 474).. CONVOLVULACÉES; LISERON.

29 BORRAGINÉES. { Entrée du tube de la corolle nue. 30
Entrée du tube munie d'écailles. 33

30 { Corolle à lobes égaux, ou alternativement grands et petits. 31
Corolle à lobes inégaux et tronqués obliquement . . (p. 483.). . . VIPÉRINE.

31 { Corolle à 5 lobes non entremêlés de petites dents 32
Une dent saillante entre chacun des lobes de la corolle. (p. 478.). HÉLIOTROPE.

32 { Calice à 5 angles et à 5 lobes qui ne passent pas le milieu . . . . . . (page 483). . . . . PULMONAIRE.
Calice à 5 lobes qui atteignent près de la base . . . . . (p. 484) . . . . . GRÉMIL.

33 { Corolle en tube, ou en entonnoir. 34
Corolle en roue.. (p. 480.) BOURRACHE.

34 { Corolle en entonnoir, ou à limbe étalé.. 35
Corole en tube ventru, à limbe droit (page 482). . . . . CONSOUDE.

35 { Tube de la corolle droit. 36
Tube de la corolle coudé dans le milieu. (p. 481) . . . . LYCOPSIS.

36 Divisions de la corolle très-entières.... 37
Divisions de la corolle un peu échancrées..... (p. 486) .... MYOSOTIS.

37 Calice régulier.................... 38
Calice irrégulier... (p. 479).. RAPETTE.

38 Stigmate simple . (p. 486).. MYOSOTIS.
Stigmate échancré en deux lobes. . 38 *bis.*

bis. Corolle en entonnoir, d'un rouge brun (page 479). .... CYNOGLOSSE.
Corolle bleue, en soucoupe.... (page 480)................ OMPHALODÈS.

39 Corolle étranglée et reserrée au-dessus de l'ovaire... (p. 583). ... NYCTAGE.
Corolle non étranglée au-dessous de l'ovaire........... 40

40 Un seul ovaire.................... .. 41
Deux ovaires sous un seul style....... 45

41 Lobes de la corolle ciliés sur les bords ou hérissés en dessus........... . 42
Lobes de la corolle ni ciliés ni hérissés. 44

42 Lobes de la corolle barbus en dessus (p. 469) . .. . MÉNIANTHE.
Lobes de la corolle ciliés 43

43 Fleurs bleues. (p. 472). *Gentiane ciliée.*
Fleurs jaunes... . (p. 470).. VILLARSIA.

44 Anthères tordues en spirale, fleurs jamais bleues. (p. 473) . .. ERYTHRÉA.
Anthères non tordues après la fécondation....... (p. 471) ..... GENTIANE.

45 Calice à 5 parties profondes...... 45 *bis.*
Calice à 5 dents ou à 5 lobes peu profonds.... (p. 466) ... ASCLÉPIAS.

45 *bis.* Entrée de la corolle garnie d'appendices très-distincts; fleurs en corymbe (page 468)................ LAURIER ROSE.
Entrée de la corolle presque nue; fleurs axillaires... (p. 467).... PERVENCHE.

46 { Quatre étamines.................... 47
{ Deux à 3 étamines...... 55

47 { Des feuilles à la racine ou sur la tige . 48
{ Point de feuilles.. (p. 476). . CUSCUTE.

48 { Corolle ayant la consistance membraneuse ou écailleuse (p. 581). PLANTAIN.
{ Corolle colorée, non membraneuse ni scarieuse............... 49

49 { Feuilles opposées le long de la tige ... 50
{ Feuilles radicales ou alternes......... 52

50 { Un seul ovaire....... 51
{ Quatre ovaires au fond du calice...... 121

51 { Deux étamines courtes et deux longues. (page 571) .... VERVEINE.
{ Étamines égales entr'elles .... (page 576) .... CENTENILLE.

52 { Fleurs agglomérées en têtes serrées (page 579) ... . GLOBULAIRE.
{ Fleurs non réunies en tête. 53

53 { Arbrisseau à feuilles épineuses.. (page 462) .... HOUX.
{ Herbes à feuilles non épineuses........ 54

54 { Tige droite, non rampante.... (page 503) .. .. DIGITALE.
{ Tige couchée ou rampante...... (page 511) .... LIMOSELLE.

55 { Un seul ovaire..................... 56
{ Quatre ovaires au fond du calice. . (page 541) .... LYCOPE.

56 { Un seul style. 57
{ Trois styles.... (p. 270). .... MONTIA.

57 { Corolle en roue. (p. 511).. VÉRONIQUE.
{ Corolle en tube ou en entonnoir..... . 58

58 { Calice et corolle à 4 lobes 59
{ Calice et corolle à 5 lobes (p. 465). JASMIN.

59	Fruit charnu, fleurs toujours blanches. (page 463) .... TROÈNE.	
	Fruit non charnu, fleurs souvent lilas, (page 463) .... LILAS.	
60	Cinq étamines ou plus..............	61
	Moins de 5 étamines...............	63
61	Un seul ovaire...................	62
	Quatre ovaires au fond du calice (page 483)..................... VIPÉRINE.	
62	Étamines libres..................	20
	Étamines réunies toutes ou plusieurs ensemble.....................	64
63	Un seul ovaire..............	65
	Quatre ovaires au fond du calice.....	84
64	Feuilles simples.. (p. 84).. POLYGALA.	
	Feuilles ternées... (p. 170)... TRÈFLE.	
65	Deux étamines chargées d'anthères....	66
	Trois étamines chargées d'anthères (page 270) .... MONTIA.	
	Quatre étamines chargées d'anthères...	69
66	Base de la corolle prolongée en éperon. (page 572) .... UTRICULAIRE.	
	Base de la corolle non prolongée en éperon......................	67
67	Deux filets stériles et deux chargés d'anthères... (p. 502) .... GRATIOLE.	
	Point de filets stériles............	68
68	Corolle en roue, étamines saillantes, (page 511)........... VÉRONIQUE.	
	Corolle en cloche très-petite; étamines cachées ....(p. 511) ... LIMOSELLE.	
69	Fleurs ramassées en tête dans un calice commun ..(p. 579). ... GLOBULAIRE.	
	Fleurs libres et non réunies dans une enveloppe commune...............	70

70 { Feuilles nulles, radicales ou alternes... 71
Feuilles opposées ou verticillées... ... 76

71 { Feuilles nulles, ou changées en écailles. 72
Des feuilles vers la racine ou sur la tige. 73

72 { Calice à deux lèvres, stigmate bifide, (page 519)... .... OROBANCHE.
Calice tubuleux, à 4 lobes, stigmate simple...... (p. 526) .... LATHRÉA.

73 { Corolle à deux lèvres... 74
Corolle en roue, en cloche ou en tube 75

74 { Base de la corolle prolongée en éperon, (page 506).. .... LINAIRE.
Base de la corolle bossue... .. (page 505) .... MUFLIER.

75 { Tige droite, garnie de feuilles....(page 503).. .... DIGITALE.
Tige couchée, ou dont les feuilles naissent vers la racine. (p. 511).. LIMOSELLE.

76 { Calice à 4 dents ou à 4 lobes......... 77
Calice à 5 divisions plus ou moins profondes 80

77 { Épi imbriqué de bractées colorées et serrées .. (p. 527). . . MÉLAMPYRE.
Bractées lâches, nulles ou foliacées.... 78

78 { Calice renflé.. (p. 529) ... RHINANTHUS.
Calice non renflé............... ... 79

79 { Anthères épineuses à leur base... (page 532)................. EUPHRAISE.
Anthères simplement cotonneuses ou velues.....(p. 527).. .. MÉLAMPYRE.

80 { Corolle à deux lèvres très-distinctes. .. 81
Corolle à lobes non disposés en deux lèvres bien distinctes... 82

81 { Base de la corolle prolongée en bosse ou éperon. 74
Base de la corolle ni bossue, ni éperonnée... ..(p. 528)..... PÉDICULAIRE.

82 { Corolle presque globuleuse...... (page 509)... .. .. SCROPHULAIRE.
Corolle tubuleuse.. 83

83 { Fleurs solitaires à l'aisselle des feuilles, (page 502) .... GRATIOLE.
Fleurs en épis grêles et presque nus (page 571)............. .... VERVEINE.

84 LABIÉES. { Deux étamines fertiles...... 85
Quatre étamines fertiles..... 87

85 { Corolle à deux lèvres bien distinctes... 86
Corolle tubuleuse, à 4 ou 5 lobes presqu'égaux. .. (p. 541)..... LYCOPE.

86 { Étamines placées horizontalement sur un pivot qui naît du fond de la corolle, (p. 542).................. SAUGE.
Étamines simples, ou un peu dentées à la base.....(p. 541)...... ROMARIN.

87 { Corolle à deux lèvres bien distinctes... 88
Corolle à une seule lèvre, ou à quelques lobes non disposés en lèvres.. 119

88 { Étamines couchées sur la lèvre inférieure de la corolle...(p. 534). ... BASILIC.
Étamines droites ou déjetées du côté supérieur, ou cachées dans le tube.. 89

89 { Filaments des étamines bifurqués à leur sommet.... (p. 564). ... BRUNELLE.
Filaments des étamines simples et entiers. 90

90 { Calice chargé d'une bosse comprimée et arrondie... (p. 563) .. SCUTELLAIRE.
Calice n'ayant pas de bosse remarquable. 91

91 { Une ou deux petites dents de chaque côté à la base de la lèvre inférieure de la corolle. 92
Aucune dent à la base de la lèvre inférieure........................ 93

92 { Lèvre supérieure de la corolle entière, anthères velues en dehors . . . . (page 551). . . . . Lamium.
Lèvre supérieure dentée, anthères pubescentes en dedans. (p. 554) . Galeopsis.

93 { Calice à deux lèvres. 94
Calice dont les dents ne sont point déjetées en deux lèvres. 100

94 { Calice nu après la floraison. 96
Calice fermé de poils après la floraison. . 95

95 { Fleurs en têtes serrées et verticillées au sommet des rameaux. (p. 544). . Thym.
Fleurs en verticilles peu serrés ou en petits bouquets au haut des tiges et des rameaux. . (p. 545). . Calament.

96 { Fleurs axillaires, verticillées ou en épis lâches 97
Fleurs disposées en épis serrés, imbriqués de bractées courtes sous le calice. 99

97 { Fleurs en verticilles ou en têtes serrées, (p. 547). . . . . Clinopode.
Fleurs solitaires ou en petites grappes lâches 98

98 { Lèvre supérieure de la corolle voûtée; fruits glabres. (p. 547) . Mélisse.
Lèvre supérieure de la corolle plane, fruits velus. . (p. 550). . . . Melittis.

99 { Fleurs blanches ou rouge clair, à tube comprimé. . . . . (p. 543). . . . Origan.
Fleurs purpurines ou bleues, à tube long et cylindrique. . (p. 535). . Lavande.

100 { Calice à 10 stries. 101
Calice non strié. 106

101 { Calice nu après la floraison. 102
Calice fermé de poils après la floraison. . . . . . . (p. 549). . . . . Népéta.

102 { Une ou deux fleurs à chaque aisselle... 103
Fleurs nombreuses, en verticilles serrées. 104

103 { Étamines écartées les unes des autres, (p. 545) .... SARRIETTE.
Étamines conniventes deux à deux en forme de croix..(p. 549). . GLÉCOMA.

104 { Calice en cloche, lèvre supérieure de la corolle crénelée. 105
Calice cylindrique, lèvre supérieure de la corolle bifide.(p. 560)... MARRUBE.

105 { Dents du calice molles, corolle petite, (p. 561). .... BALLOTTE.
Dents du calice épineuses, corolle trois à quatre fois plus longue que le calice, (p. 554) .... GALÉOPSIS.

106 { Chaque ovaire surmonté d'une touffe de poils (p. 562). *Agripaume cardiaque.*
Point de touffes de poils naissant de l'ovaire.... 107

107 { Calice fermé de poils après la floraison.. 108
Calice nu..................... ... 109

108 { Fleurs disposées en bouquets axillaires, formant verticilles. .(p. 536). MENTHE.
Fleurs disposées en épis serrés, imbriqués de bractées. .. (p. 543).... ORIGAN.

109 { Étamines plus longues que le tube de la corolle 110
Étamines cachées dans le tube de la corolle................. 118

110 { Tube de la corolle large et ventru. (page 550). .... MELITTIS.
Tube de la corolle étroit........... 111

111 { Bords de la gorge de la corolle rejetés en bas. . ..(p. 549)...... NEPÉTA.
Bords de la gorge droits ou peu étalés.. 112

112 Tube de la corolle cylindrique non renflé au sommet....(p. 559). ... BÉTOINE.
Tube de la corolle plus ou moins évasé au sommet 113

113 Étamines rapprochées deux à deux, ou déjetées d'un seul côté 114
Étamines droites ou écartées en tous sens. 117

114 Lèvre supérieure de la corolle très-entière.... 115
Lèvre supérieure de la corolle échancrée ou bifide....... 116

115 Fleurs jaunes (p. 553).. GALÉOBDOLON.
Fleurs blanches ou rouges....... (page 551)............... ..... LAMIUM.

116 Étamines défleuries rejetées sur les côtés de la corolle (p. 556) .. STACHYS.
Étamines défleuries non déjetées de côté, (p. 562). . ... AGRIPAUME.

117 Fleurs déjetées d'un même côté, corolle distinctement labiée.(p. 548) HYSOPE.
Fleurs non déjetées d'un seul côté, corolle peu labiée................. 119

118 Fleurs en épis terminaux.... ..(page 535). .... LAVANDE.
Fleurs en verticilles axillaires.... (page 562)...... .... AGRIPAUME.

119 Lobes de la corolle paraissant prolongés en une seule lèvre.......... 120
Lobes de la corolle à peu près égaux en tous sens 121

120 Lèvre supérieure nulle.......... (page 568)....... .... GERMANDRÉE.
Lèvre supérieure remplacée par deux dents, fruits ridés... (p. 566).. BUGLE.

121 Feuilles entières ou dentées......... 122
Feuilles découpées, fleurs en épis très-grèles.....(p. 571)...... VERVEINE.

122 Corolle à 5 lobes presqu'égaux .. (page 545)................ SARRIETTE.
Corolle à 4 lobes, dont le supérieur entier ou échancré. . (p. 536). MENTHE.

---

123 Un seul ovaire.................... 124
Plusieurs ovaires.................... 128

124 Corolle régulière.................. 125
Corolle irrégulière.................. 64

125 Tige ligneuse...................... 126
Tige herbacée.... (p. 452). .. PYROLE.

126 Un seul stigmate simple............. 127
Quatre stigmates, ou un seul partagé en quatre lobes (p. 712). PARISETTE.

127 Calice simple..................127 *bis.*
Calice double...(p. 451) ... BRUYÈRE.

127 *bis.* Baie globuleuse. . (p. 448)... AIRELLE.
Capsule à 5 loges. (p. 450) . ANDROMÈDE.

128 Fleurs de couleur herbacée, épis grêles, (p. 667)................ TROSCART.
Fleurs blanches ou rougeâtres, en ombelle ou en rameaux verticillés. (page 664).................... ALISMA.

---

129 Feuilles nulles, alternes ou opposées.. 130
Feuilles verticillées.................. 141

130 Cinq étamines...................... 131
Quatre étamines ou moins........... 137

131 CAMPANULACÉES. Anthères adhérentes ensemble............. 132
Anthères distinctes.... 133

132 Étamines insérées sous la corolle, une seule graine.................. 581
Étamines non insérées sur la corolle, capsule à plusieurs graines.....(page 441)................ JASIONE.

133 { Feuilles alternes ou éparses. 134
{ Feuilles opposées. 135

134 { Corolle à lobes linéaires.......... (page 442)......... .... PHYTEUMA.
{ Corolle à lobes ovales ou arrondis. 134 *bis.*

134 *bis.* { Corolle en cloche ; ovaire ou tube du calice ovoïde ou arrondi..... . (page 443). . ... CAMPANULE.
{ Corolle en roue ; ovaire ou tube du calice en prisme allongé.. .... (page 447). .. .. PRISMATOCARPUS.

135 { Tige ligneuse....................... 136
{ Tige herbacée . . (p. 583). ... NYCTAGE.

136 { Fleurs en corymbe, 3 stigmates....... 137
{ Fleurs latérales ou en bouquets, un stigmate .... (p. 339). . . CHÈVREFEUILLE.

137 { Feuilles entières. . (page 338). . VIORNE.
{ Feuilles composées ou pinnatifides (page 336)......... .... SUREAU.

138 { Quatre étamines.................... 139
{ Moins de 4 étamines................. 140

139 DIPSACÉES. { Fleurs entremêlées de paillettes épineuses.... (page 355).......... DIPSACUS.
{ Fleurs nulles ou non épineuses. (p. 357). SCABIEUSE.

140 VALÉRIANÉES. { Graine ou capsule couronnée d'une aigrette plumeuse........ . (page 351)....... VALÉRIANE.
{ Graine sans aigrette, calice à 5 dents ...... (page 352) .... MACHE.

141 RUBIACÉES. { Corolle en roue ou en cloche. 142
{ Corolle en entonnoir. 144

142 Fruit composé de deux baies, souvent trois étamines.. (p. 343)... GARANCE.
Fruit composé de deux coques; jamais cinq étamines. 143

143 Toutes les fleurs hermaphrodites (page 343).. .... GAILLET.
Fleurs les unes mâles et les autres hermaphrodites ..(p. 344).. VALANTIA.

144 Fruit non couronné par les dents du calice...., (p. 341). ..... SHÉRARDIA.
Fruit couronné par les dents du calice...... (p. 342)...... ASPÉRULE.

POLYPÉTALES.

145 Ovaire libre, ou dans la corolle... ... 146
Ovaire adhérent au calice, ou sous la corolle 309

146 Un seul ovaire.............. 147
Plusieurs ovaires.................. 286

147 Corolle régulière 148
Corolle irrégulière................ 247

148 Dix étamines ou moins.............. 149
Onze étamines ou plus........... .. 234

149 Trois pétales....(p. 118). ... ELATINE.
Quatre pétales.................... 150
Cinq pétales....................... 193
Six pétales........................ 233

150 Deux étamines....(p. 464) ... FRÊNE.
Quatre étamines... 151
Six étamines, dont deux plus courtes.. 156
Huit étamines..... 154

151 Tige herbacée...................... 153
Tige ligneuse.... 152

152 Feuilles épineuses . (p. 462)... HOUX.
Feuilles non épineuses.(p. 151).. FUSAIN.

153 Capsule uniloculaire, polysperme. (page 101)........................ SAGINE.
Capsule à 8 loges et à 8 graines...(page 121)....... .... RADIOLE.

154 Tige garnie de feuilles, 4 styles.. 155
Tige garnie d'écailles et point de feuilles. (p. 453)............. MONOTROPA.

155 Pétales retrécis en onglet, herbes non aquatiques. .... (p. 119).... .. LIN.
Pétales sessiles; herbes aquatiques. (page 118)............... .... ELATINE.

156 CRUCIFÈRES. Ovaire ou fruit grêle quatre fois au moins plus long que large...... 157
Ovaire ou fruit dont la longueur ne passe pas quatre fois la largeur......... 178

157 Calice à folioles demi-ouvertes ou étalées. 158
Calice exactement fermé, à folioles droites........................... 163

158 Quatre glandes sur le disque de la fleur; silique souvent terminée par une corne. 159
Point de glandes sur le disque de la fleur; silique jamais terminée en corne..... 160

159 Calice très-ouvert, feuilles non embrassantes ....(p. 55) ..... MOUTARDE.
Calice peu ouvert et bossu à sa base, feuilles embrassantes..(p. 53). CHOU.

160 Onglets des pétales longs, valves de la silique se roulant en dehors avec élasticité, fleurs jamais jaunes. ..(page 44) .... CARDAMINÉ.
Onglets courts, valves non élastiques, fleurs souvent jaunes........ 161

161 Siliques ayant leurs valves sans côtes ni nervures, fleurs blanches..... (page 39)................. NASTURTIUM.

161 (S.)
- Valves munies d'une seule nervure sur leur dos, fleurs jaunes. 162
- Valves munies de trois nervures, fleurs jaunes ... (p. 49)........ SISYMBRE.

162
- Semences disposées en une seule série (p. 57). .... ERUCASTRUM.
- Semences disposées irrégulièrement en deux séries... (p. 58) ... DIPLOTAXIS.

163
- Silique cylindrique ou comprimée..... 165
- Silique tétragone. 164

164
- Valves mutiques; stigmate simple, semence globuleuse (p. 41). BARBARÉA.
- Valves sessiles, stigmate bifide, semences ovales......(p. 51). ..... ERYSIMUM.

165
- Siliques dont les valves se roulent en dehors avec élasticité.(p. 47). DENTAIRE.
- Siliques dont les valves s'ouvrent sans élasticité 166

166
- Silique bosselée et comme articulée. (p. 72) .... RADIS.
- Silique ni bosselée, ni articulée.. ... 167

167
- Graines entourées d'une bordure membraneuse.............. 168
- Graines non bordées de membranes .. 169

168
- Fleurs blanches ou rouges, étamines sans dents.(p. 37) MATHIOLE (*Quarantain*).
- Fleurs jaunes; étamines dentées...(page 38)........ .... GIROFLÉE.

169
- Feuilles de la tige embrassantes à leur base. 170
- Feuilles de la tige nulles ou non embrassantes à leur base. 173

170
- Fleurs blanches, ou rouges, ou bleues. 171
- Fleurs jaunes ou jaunâtres............ 172

171 { Graines comprimées, fleurs assez petites (p. 42) .... Arabis.
Graines globuleuses, fleurs assez grandes (p. 53)........................ Chou.

172 { Siliques à une seule graine, feuilles entières. . . . . .(p. 71) ..... Pastel.
Siliques à plusieurs graines, feuilles dentées ou découpées. (p. 53).... Chou.

173 { Siliques non terminées par une corne.. 174
Siliques terminées en corne.....(page 53)........................ Chou.

174 { Stigmate simple ou en tête. 176
Stigmates à deux lobes distincts à la base, rapprochés au sommet....... 175

175 { Calice fermé; deux bosses à la base, graines presque triangulaires.. (page 48). ... . Julienne.
Calice lâche, à base égale, graines presque cylindriques. (p. 50).. Alliaire.

176 { Silique cylindrique, fleurs souvent jaunes..... (p. 49). . .. .. Sisymbre.
Silique comprimée, fleurs jamais jaunes. 177

177 { Siliques nombreuses, grêles, serrées contre la tige; graines en deux séries (p. 42)........ ...... Tourette.
Siliques étalées ou divergeantes; graines en une seule série. .(p. 42) . Arabis.

178 { Plus d'une graine dans chaque loge de la silicule.. 179
Silicule monosperme, ou divisée en loges monospermes.......................... 189

179 { Silicule échancrée au sommet. 180
Silicule entière et non échancrée. 183

180 { Pétales égaux. 181
Deux pétales extérieurs plus grands (p. 66)........................ Iberis.

181 Silicule échancrée au sommet, valves carénées avec rebords 182
Silicule non échancrée au sommet, triangulaire; valves carénées, sans rebords . . . . . . (p. 69). . . . Capsella.

182 Calice persistant; valves de la silique en carêne ailée. .(p. 64) . . . . Thlaspi.
Calice caduc; valves crénelées (page 65). . . . . Teesdalia.

183 Silicule plane. . .(p. 59). . . . . Alysson.
Silique convexe ou bombée. 184

184 Valves de la silicule planes, concaves ou hémisphériques. 185
Valves de la silicule courbées en carêne. . . . . (p. 67). . . . . . Lépidium.

185 Silicule ovoïde ou globuleuse. 187
Silicule oblongue. 186

186 Feuilles pinnatifides. . (p. 49). . Sisymbre.
Feuilles entières ou dentées. . . (page 60). Drave.

187 Fleurs blanches. 188
Fleurs jaunes ou jaunâtres. . . . .(page 62). . . . . Caméline.

188 Silicule munie d'une nervure dorsale apparente. . . . .(p. 60) . . . Cochléaria.
Silicule dépourvue de nervure dorsale (p. 61). . . . . Armoracia.

189 Silicule à une seule loge. (p. 71). Pastel.
Silicule à deux ou quatre loges. 190

190 Silicule ovoïde ou globuleuse 191
Silicule comprimée, dentée sur le dos des valves. . (p. 70). . . . Sennébiéra.

191 Silicule s'ouvrant à la maturité, fleurs toujours blanches. (p. 60). Cochléaria.
Silicule ne s'ouvrant point à la maturité; Fleurs jaunes ou blanches. 192

192 { Fleurs jaunes. .....(p. 71).... NESLIA.
Fleurs blanches. ..(p. 72).... CALÉPINA.

193 { Cinq étamines ou moins 194
Plus de cinq étamines. 205

194 { Cinq styles. 195
Moins de cinq styles. 197

195 { Feuilles alternes ou radicales. 196
Feuilles opposées. 216

196 { Feuilles chargées de poils glanduleux; capsules polyspermes.(p. 82) ROSSOLIS.
Feuilles sans poils glanduleux, une graine nue... ...(p. 580)..... STATICÉ.

197 { Arbres ou arbrisseaux. 198
Herbes 202

198 { Feuilles alternes. 199
Feuilles opposées.................. 201

199 { Fleurs terminales...(p. 332). . LIERRE.
Fleurs axillaires ou opposées aux feuilles. 200

200 { Des vrilles opposées aux feuilles. . . 200 *bis.*
Point de vrilles . (p. 152) .. NERPRUN.

200 *bis.* { Feuilles lobées; baie à une loge (page 136). .... VIGNE.
Feuilles palmées; ovaire bi-ou tétrasperme.... (p. 138) ... AMPÉLOPSIDE.

201 { Un seul stigmate ; ovaire entouré d'un disque glanduleux. (p. 151). . FUSAIN.
Deux stigmates, point de disque (page 133.................... ÉRABLE.

202 { Feuilles toujours alternes. 203
Feuilles opposées ou alternes......... 249

203 { Cinq faisceaux de glandes pédicellées dans la fleur ..(p. 83).... PARNASSIE.
Point de glandes dans la fleur......... 204

204 { Calice tubuleux (p. 264).. *Salicaire à .... feuilles d'hysope.*
Calice en cloche (p. 272). . CORRIGIOLE.

205 { Un seul style. 205
Plusieurs styles ou point de style et plusieurs stigmates.................. 210

206 { Feuilles alternes ou nulles.......... 207
Feuilles opposées . (p. 133). . . ÉRABLE.

207 { Point de feuilles vertes ..... (page 453)........ .... MONOTROPA.
Des feuilles vertes............ .. 208

208 { Fleurs jaunes. ... (p. 149)...... RUE.
Fleurs blanches ou rougeâtres..... .. 209

209 { Feuilles entières ou dentées..... 209 *bis.*
Feuilles ailées ...(p. 150). . DICTAME.

209 *bis.* { Calice tubuleux à cinq ou six dents.(page 264)... *Salicaire à feuilles d'hysope.*
Calice ouvert, à cinq lobes ... .(page 452)......... .... PYROLE.

210 { Arbres ou arbrisseaux..(p. 133). ÉRABLE.
Tige herbacée ou à peine ligneuse 211

211 { Feuilles alternes ou radicales...... . 212
Feuilles opposées. 216

212 { Deux styles...(p. 282)..... SAXIFRAGE.
Quatre ou cinq styles...... 213

213 { Feuilles à trois folioles (p. 148). OXALIS.
Feuilles simples, entières, ou découpées, ou pinnatifides. 214

214 { Feuilles entières, sans stipules ..(page 119). . .. . LIN
Feuilles découpées, munies de stipules. 215

215 { Cinq étamines fertiles et cinq stériles (p. 145)...... .... ERODIUM.
Dix étamines toutes fertiles.... (page 140)... .... GÉRANIUM.

216 { Calice divisé jusqu'à la base en cinq parties..... 217
Calice dont les divisions n'atteignent pas ou dépassent peu le milieu........ 228

217 Dix étamines........................ 218
Moins de dix étamines................. 222

218 Deux styles...(p. 88).... GYPSOPHILE.
Trois styles......................... 219
Cinq styles.......................... 220

219 Pétales entiers ou un peu échancrés, (p. 102).................. SABLINE.
Pétales profondément divisés en deux lobes...(p. 106) .... STELLAIRE.

220 Pétales entiers..(p. 102). . SPARGOUTE.
Petales divisés profondément en deux lobes.......................... . . 221

221 Capsule s'ouvrant au sommet à dix dents, (p. 111).............. CÉRASTIUM.
Capsule à cinq valves, légèrement bifides au sommet.(p. 111).. MALACHIUM.

222 Trois styles.......................... 223
Quatre styles........................ 224
Cinq styles.......................... 227

223 Fleurs terminales en ombelle, à pédoncules inégaux. (p. 105)... HOLOSTÉUM.
Fleurs solitaires, terminales ou axillaires. (p. 107). *Stellaire intermédiaire.*

224 Huit étamines fertiles ou six......(page 118) . . .. ELATINE.
Quatre étamines fertiles......... . 225

225 Calice à quatre pièces entières, capsule à quatre valves.................. .. 226
Calice à quatre pièces découpées, capsule à huit valves. . (p. 121) .. RADIOLE.

226 Capsule s'ouvrant en quatre parties par le haut ..(p. 101) ...... SAGINE.
Capsule s'ouvrant en huit parties (page 110)............... .... MOENCHIA.

227 Étamines distinctes à la base.. 220
Étamines un peu soudées à la base, capsule à dix valves.. .(p. 119). .. LIN.

228 Dix étamines....... 229
Moins de dix étamines ....(page 264)... *Salicaire à feuilles d'hysope.*

229 Deux styles.............. 230
Trois styles......(p. 94) . ... SILÉNÉ.
Cinq styles............ 232

230 Calice en tube, à cinq dents........ 231
Calice en cloche, à 5 divisions. (page 88). ... . GYPSOPHILE.

231 Calice entouré à la base de deux ou quatre bractées. ...(p. 89)..... OEILLET.
Calice nu à la base..(p. 93).. SAPONAIRE.

232 Calice à cinq divisions longues et foliacées, pétales entiers(p. 100). GITHAGO.
Calice à cinq dents, pétales échancrés, (p. 97). .... LYCHNIS.

233 Herbes à feuilles opposées......(page 264)........ .... PÉPLIDE.
Arbrisseaux à feuilles alternes ou en faisceaux ...(p. 28). ... ÉPINE-VINETTE.

234 Calice à deux folioles ou à deux lobes profondes......... 235
Calice à plus de deux folioles ou de deux lobes. 237

235 Cinq pétales; calice persistant...(page 269)..... ... . POURPIER.
Quatre pétales; calice caduc. 236

236 Cinq à dix stigmates; ovaire globuleux ou ovoïde..(p. 31)......... PAVOT.
Un stigmate à deux lobes. .... (page 33)..... .... CHÉLIDOINE.

237 Pétales insérés sur le calice.... 238
Pétales non insérés sur le calice....... 240

238 Ovaire sessile; stigmate simple 239
Ovaire pédonculé; trois stigmates, tige laiteuse... .(p. 617). ... EUPHORBE.

239	Calice à cinq parties profondes.......	35
	Calice à dix ou douze dents. ..(page 263)...................... SALICAIRE.	
240	Feuilles alternes ou radicales.	241
	Feuilles opposées ou verticillées.......	245
241	Étamines libres et distinctes.........	242
	Étamines soudées par les filets... ...	306
242	Arbres ou arbrisseaux.(p. 128) TILLEUL.	
	Herbes..............................	243
243	Plantes aquatiques, feuilles entières...	244
	Plantes non aquatiques; feuilles découpées......(p. 27)...... ACTÆA.	
244	Fleurs blanches, calice à quatre sépales ....(p. 29)........ NÉNUPHAR.	
	Fleurs jaunes; calice à cinq sépales, (p. 30)................... NUPHAR.	
245	Étamines distinctes par leur base......	246
	Étamines soudées par leur base...(page 130) .... MILLEPERTUIS.	
246	Vingt étamines au moins, un stygmate, (p. 74)............ HÉLIANTHÈME.	
	Dix à douze étamines, deux stygmates, (p. 133)................ ERABLE.	
247	Filaments des étamines libres et non soudés..........................	248
	Filaments des étamines soudés, tous ou plusieurs ensemble................	252
248	Un éperon à la base du calice ou de la corolle..........................	249
	Point d'éperon......................	251
249	Cinq étamines, éperon naissant de la corolle.........................	250
	Huit étamines, éperon naissant du calice ... (p. 146)........ CAPUCINE.	
250	Calice à cinq folioles. (p. 75). VIOLETTE.	
	Calice à 2 folioles, (p. 147).. BALSAMINE.	

251 { Six étamines......(p. 66)...... IBERIS.
Sept étamines......... ....(page 135)........... MARONNIER D'INDE.
Dix étamines ou plus, (p. 80) RÉSÉDA.

252 { Cinq stigmates........ 253
Un stigmate........ 254

253 { Cinq étamines fertiles et cinq stériles, (p. 145)........... ... ERODIUM..
Dix étamines fertiles..........(page 140)............... .... GÉRANIUM.

254 { Huit étamines ou moins............. 255
Dix étamines....................... 257

255 { Un éperon à la base de la corolle, six étamines ou plus...... 256
Point d'éperon à la base de la corolle, huit étamines. (p. 84)... POLYGALA.

256 { Capsule à une graine, ne s'ouvrant point d'elle-même..(p. 35)... FUMETERRE.
Capsule à plusieurs graines et à deux valves.. (p. 34)......... CORYDALIS.

---

257 LÉGUMINEUSES, { Pétiole des feuilles terminée en vrille simple ou rameuse......... 258
Point de vrille......... 263

258 { Stigmate plane et élargi vers le sommet, jamais plus de six folioles.......... 259
Stigmate linéaire, souvent plus de six folioles 260

259 { Stigmate non creusé en carêne; stipules prolongées en pointe à la base, (page 199)................... . GESSE.
Stigmate creusé en carêne, stipules à base large et arrondie (p. 198). POIS.

260 { Vrille simple ; rarement plus de six folioles.. 261
Vrille rameuse, souvent plus de six folioles.. 262

261 { Ombilic des graines latéral ; folioles lancéolées ou linéaires. . . . . . . (page 203) . . . . Orobe.
Ombilic terminal, folioles grandes et ovales. . . . . . (p. 195). . . . . . . Fève.

262 { Stigmate velu ; dents du calice plus courtes que la corolle. .(p. 191) . Vesce.
Stigmate glabre, dents du calice presque égales à la corolle. . (p. 196). . Ers.

263 { Feuilles simples, ternées ou digitées... 264
Feuilles ailées. 277

264 { Toutes les étamines soudées ensemble . 265
Etamines soudées, à l'exception d'une seule qui reste libre.. 271

265 { Feuilles simples ou ternées. 266
Feuilles digitées.. . .(p. 159). . . . Lupin.

266 { Calice à deux ou cinq lobes. 267
Calice à deux folioles. (p. 156). Ulex.

267 { Feuilles ou folioles entières; calice à deux lèvres et à cinq dents 268
Feuilles ou folioles dentées en scie, calice à cinq lobes linéaires . (page 160). . . . . Ononis.

268 { Carène tombante et ne couvrant qu'incomplètement les organes sexuels. . . . 269
Carène droite, couvrant les organes sexuels 270

269 { Calice tubuleux, à deux lèvres. (page 156). Genet.
Calice à une seule lèvre. . . . . .(page 155). Spartium.

270 Gousse à plusieurs graines; feuilles ternées à folioles égales (p. 159) CYTISE.
Gousse à une ou plusieurs graines; feuilles simples ou à trois folioles, dont celles du milieu très-grandes. .(page 162)................... ANTHYLLIS.

271 Fleurs jaunes ou bleues............ 272
Fleurs blanches ou rougeâtres 275

272 Stipules grandes, foliacées et distinctes du pétiole.. (p. 181)... .. LOTIER.
Stipules assez petites et adhérentes au pétiole.. 273

273 Gousses très-arquées ou contournées en spirale; les trois folioles de la feuille insérées au même point ....(page 163). .... LUZERNE.
Gousses peu ou point arquées..... . 274

274 Fleurs en épis ou en grappes serrées; deux folioles insérées un peu au-dessous de la terminale...(p. 167).. MELILOT.
Fleurs axillaires..(p. 167).. TRIGONELLE.

275 Gousses cachées dans le calice; fleurs en têtes serrées .(p. 170) ... TRÈFLE.
Gousses saillantes hors du calice; fleurs en épis ou en grappes.......... 276

276 Gousses articulées, tige non grimpante (p. 188)...... ... ORNITHOPUS.
Gousses non articulées, herbe grimpante; carêne tordue en spirale.... ..(page 204). .... HARICOT.

277 Fleurs d'un jaune vif. 278
Fleurs d'un jaune pâle, blanchâtres ou rougeâtres. 280

278 Gousse membraneuse et renflée; style barbu en dessous .. .. (page 185). ... . BAGUENAUDIER.
Gousse non renflée; style non barbu, fleurs souvent en ombelle......... 279

279 Gousse découpée sur un des bords en échancrures profondes.. .... .(page 188). ... . HIPPOCRÉPIS.
Gousse ni découpée ni échancrée sur les bords......(p. 187). ... CORONILLE.

280 Fleurs solitaires ou en grappes ou en épis. 281
Fleurs en ombelle...... ... ...(page 187)........... *Coronille bigarrée.*

281 Gousse divisée en deux loges par une cloison longitudinale (p. 186). ASTRAGALE.
Gousse à une loge, ou dont les cloisons sont transversales. 282

282 Gousse à une seule loge....... 283
Gousse à plusieurs articles placés bout à bout......(p. 189)........ SAINFOIN.

283 Herbes ou sous-arbrisseaux; calice à cinq dents... 284
Arbres ou arbrisseaux; calice à quatre dents.......(p. 184) .... ROBINIER.

284 Gousse à une graine, ailes très-courtes, (p. 190)......... ..... ESPARCETTE.
Gousse à deux ou plusieurs graines, ailes au moins égales à la carène......... 285

285 Carêne à deux pétales distincts ..(page 183)................... RÉGLISSE.
Carêne à deux pétales soudés en un seul.......(p. 183) ...... GALÉGA.

---

286 Deux stipules à la base des feuilles, au moins dans leur jeunesse. 305
Point de stipules à la base des feuilles.. 287

287 Une glande à la base de chaque ovaire; feuilles charnues.. 288
Point de glande à la base des ovaires; Feuilles non charnues............. 289

288 Cinq ou six ovaires, et autant de pétales. . . . . (p. 276). . . . . . . SÉDUM.
Plus de six ovaires et autant de pétales. . . . . . (p. 279). . . . . . . JOUBARBE.

289 RENONCULACÉES. Plusieurs styles; fruit non charnu 290
Un seul style; fruit charnu. . . . . . . (page 27). . . . . . ACTÆA.

290 Feuilles alternes ou radicales. 291
Feuilles opposées, (p. 3). . . CLÉMATITE.

291 Fleur très-irrégulière et souvent prolongée en éperon. 292
Fleur régulière ou peu irrégulière, et jamais prolongée en éperon. 294

292 Fleur prolongée à sa base en éperon. . 293
Fleur sans éperon, mais qui forme une espèce de casque, (p. 26). . . ACONIT.

293 Un éperon, (p. 25). . PIED D'ALOUETTE.
Cinq éperons. . . . (p. 24) . . . ANCOLIE.

294 Calice à trois folioles ou remplacé par un involucre à trois folioles. 295
Calice nul ou ayant au moins cinq folioles. 297

295 Calice placé très-près de la fleur. 296
Involucre placé beaucoup au-dessous de la fleur. . . . . (p. 5) . . . . . ANÉMONE.

296 Fleur jaune, à huit ou neuf pétales, (p. 20). . . . . FICAIRE.
Fleur bleue ou blanche, à six pétales, (p. 8). . . . . HÉPATIQUE.

297 Une écaille ou nectaire à la base interne de chaque pétale, (p. 12). RENONCULE.
Point d'écaille à la base interne des pétales. 298

298 Étamines saillantes hors de la corolle qui est caduque, et souvent à 4 pétales, (p. 4). .... PIGAMON.
Étamines non saillantes, corolle ayant au moins cinq pétales. 299

299 Fleurs d'un jaune vif. 300
Fleurs d'un jaune pâle, rouges, bleues ou blanches. 301

300 Cinq pétales, fleur ouverte .....(page 21). .... CALTHA.
Dix ou quinze pétales, fleur globuleuse. . . ...(p. 21)...... TROLLIUS.

301 Vingt étamines ou plus. 302
Cinq étamines. ..(p. 11) .. RATONCULE.

302 Capsules ou ovaires renfermant plusieurs graines. 303
Capsules ou ovaires à une graine. (page 9) . . .. ADONIS.

303 Capsules ou ovaires glabres. 304
Capsules ou ovaires cotonneux à la surface. ......(p. 27). .... PIVOINE.

304 Fleurs bleues; 5 à 10 capsules souvent soudées en une seule.(p. 23). NIELLE.
Fleurs jamais bleues; 3 à 5 capsules toujours distinctes..(p. 22).. HELLEBORE.

---

305 Calice double; pétales non insérés sur le calice; étamines monadelphes 306
Calice simple; pétales insérés sur le calice; étamines libres 361

306 MALVACÉES.. Calice extérieur à 3 ou 4 folioles.(p. 122). MAUVE.
Calice extérieur d'une seule pièce lobée ou de 6 à 12 folioles ou plusieurs lanières. 307

307 { Calice extérieur à 3 ou 6 lobes peu profonds..... (p. 126)...... LAVATÉRA.
Calice extérieur à plusieurs folioles ou plusieurs lanières profondes. 308

308 { Plusieurs ovaires. (p. 125).. GUIMAUVE.
Un seul ovaire à 5 stigmates... .(page 127).................. HIBISCUS.

---

309 { Dix étamines ou moins............... 310
Onze étamines ou plus............... 359

310 { Dix étamines. ..(p. 282). .. SAXIFRAGE.
Huit étamines....................... 311
Cinq étamines 312
Quatre étamines (p. 333). CORNOUILLER.
Deux étamines... (p. 255). ... CIRCÉE.

311 { Fleurs rouges ; graines aigrettées page 251) .... EPILOBE.
Fleurs jaunes ; sans aigrettes. .. . (page 254). .... ONAGRE.

312 { Arbrisseaux à fruits charnus 313
Herbes à fruits non charnus, divisibles en deux parties 314

313 { Un stigmate ; feuilles toujours vertes (page 332). .... LIERRE.
Deux stigmates, feuilles caduques. (page 280)....... .... GROSEILLER.

314 OMBELLIFÈRES.. { Fleurs sessiles, disposées sur un réceptacle commun garni de paillettes, (p. 289).. . ERYNGIUM.
Fleurs non disposées sur un réceptacle garni de paillettes... 315

315 { Feuilles simples, entières ou lobées, ou digitées, mais dont le pétiole n'est point ramifié..................... 316
Feuilles décomposées, plus ou moins ramifiées, et non digitées.... 319

316 { Feuilles palmées ou digitées, ou à 5 lobes obtus. 317
Feuilles entières ou dentelées. 318

317 { Fruit ovoïde. . . .(p. 288) . . SANICLE.
Fruit comprimé, membraneux sur les bords. . . . . . .(p. 315). . . . . . BERCE.

318 { Feuilles entières, fleurs jaunes. . . .(page 299). . . . . BUPLÈVRE.
Feuilles dentelées, fleurs blanches (page 287). . . . . HYDROCOTYLE.

319 { Fleurs blanches, rougeâtres, ou verdâtres. 320
Fleurs jaunes. 334

320 { Point de collerette générale. 321
Une collerette générale à une ou plusieurs folioles 332

321 { Point de collerettes partielles. 322
Collerettes partielles à une ou plusieurs folioles. 324

322 { Feuilles ailées 323
Feuilles deux fois ternées . . . . . .(page 294) . . . . ÆGOPODIUM.

323 { Pétales égaux entre eux, fruit ovaloblong. . . . . (p. 296) . . . . . BOUCAGE.
Pétales extérieurs très-grands, fruits globuleux. . . (p. 331) . . CORIANDRE.

324 { Fruit comprimé, presque plane 325
Fruit ovoïde, ou cylindrique, ou à deux bosses 327

325 { Pétales à peu près égaux 326
Pétales du bord de l'ombelle grands et bifurqués. . . . .(p. 315). . . . . . BERCE.

326 { 3 nervures sur chaque graine. . . . (page 308) . . . . ANGÉLIQUE SAUVAGE.
5 nervures sur chaque graine. . . (page 307). SÉLIN.

Bord du calice ou sommet de l'ovaire entier. 329
327 Calice à cinq dents qui persistent au sommet de l'ovaire. 328

Calice persistant au sommet de l'o-
328 vaire.. ..(p. 300).. .... OENANTHE.
Calice non persistant..(p. 317) . SILER.

329 Fruit cylindrique et alongé. 330
Fruit ovoïde. 332

Fruit terminé par une pointe trois fois au moins plus longue que la graine. (page
330 326) . . . . SCANDIX.
Fruit dépourvu de pointe remarquable. 331

Fruit allongé-linéaire, contracté ou comprimé sur les côtés. . . . . (page 329) . . . . . *Chærophyllum temulum.*
331 Fruit comprimé, terminé en bec, à section verticale lancéolée. . . . . . . (page 327). . . . . ANTHRISCUS.

332 Fruit glabre. 333
Fruit velu ou hérissé de pointes. 350

Fruit ovoïde ou globuleux, ou relevé
333 d'ailes membraneuses. 334
Fruit trés-comprimé et plane. 348

Fruit lisse, strié ou sillonné. 335
334 Fruit bordé, ou relevé de nervures, ou d'ailes saillantes 346

Calice dont le bord est entier. 336
335 Calice à 5 dents visibles au-dessus de l'ovaire. 344

Fruit dont les stries sont entières 337
336 Fruit dont les stries sont crénelées. (page 330). CIGUE.

Collerette générale n'ayant qu'une ou deux folioles 338
337 Collerette générale composée de plus de deux folioles. 341

338 Folioles des collerettes partielles disposées seulement du côté extérieur de l'ombelle 339
Folioles des collerettes partielles éparses ou disposées en tous sens. .....(page 302)..................... ÆTHUSE.

339 Folioles ou lobes des folioles linéaires; fruits striés. 340
Folioles lancéolées, fruit sillonné (page 290). .... CICULAIRE.

340 Calice entier; fruit oblong, comprimé sur les côtés. (p. 295). . .. CARUM.
Calice à 5 dents; fruit oblong-ovale, à sections transversales presque cylindriques..... (p. 303) .... . SÉSÉLI.
(p. 305). . . LIBANOTIS.

341 Racines fibreuses ou en faisceaux..... 342
Racines tubéreuses..(p. 295)... *Carum noix de terre.*

342 Fruit comprimé latéralement; beaucoup de bandelettes; folioles séparées jusqu'à la côte du milieu......... ... 343
Fruit cylindrique-oblong; vallécules à une seule bandelette; folioles non séparées de la côte, dentées en faucille, (p. 293), ... FALCARIA.

343 Vallécules à beaucoup de bandelettes, carpophore à deux parties ... (page 297) .... BERLE.
Vallécules à une seule bandelette, carpophore entier......... .... (page 292) .... HELOSCIADIUM.

344 Fruits ovoïdes ou cylindriques, sessiles, couronnés par le calice........... 345
Fruits globuleux ou à deux bosses, pédicellés, non couronnés......(page 331). .... CORIANDRE.

344 (S.) Fruits cylindriques, sessiles, couronnés par le calice.. (p. 300)... OEnanthe.

345 Fruit bordé de 2 ailes membraneuses.. 346
Fruit muni sur les deux surfaces d'ailes ou de côtes membraneuses........ 347

346 Fruit convexe; pétales lancéolés .(page 309)..... ... ... Archangélique.
Fruit comprimé; pétales échancrés en cœur au sommet.. (p. 307)... Sélin.

347 Fruit à huit ailes membraneuses.. (page 318)..................... Laser.
Fruit à cinq côtes dentées ou crépues, (p. 330).................. Cigue.

348 Fruit entouré d'un bourrelet épais et colleux. . (p 316). ... Tordylium.
Fruit non bordé de bourrelet.. 349

349 Pétales oblongs, égaux eutr'eux. (page 307)..... .... Sélin.
Pétales extérieurs grands et bifides, (p. 315). . ... Berce.

350 Folioles de la collerette entières... ... 351
Folioles de la collerette découpées.(page 320)..... .... Carotte.

351 Pétales extérieurs de l'ombelle très-grands (7 à 8 millimètres); fruits à dos lenticulaires; les côtes seules hérissées de 2 à 3 séries de pointes laissant voir les vallécules. ..(p. 318)... Orlaya.
Pétales extérieurs plus grands que les intérieurs, ne dépassant pas 3 à 4 millimètres; fruits non à dos lenticulaires, les côtes hérissées de pointes nombreuses couvrant les vallécules 352

352 Côtes latérales primaires glabres, celles du milieu munies de pointes en une ou deux séries. .(p. 322)... Caucalide.
Toutes les côtes garnies de poils ou d'aiguillons..... 353

353 Toutes les côtes garnies d'aiguillons (page 323) .... TURGÉNIE.
Côtes primaires garnies de poils faibles et les secondaires de poils rudes remplissant les vallécules.. ..... .(page 324)..... .... TORYLIS.

354 Collerette générale nulle ou à une foliole. 356
Collerette générale à deux ou plusieurs folioles. 355

355 Carpelles à 5 côtes fines, un peu ailées, égales, les latérales marginantes (page 306)........ .... SILAUS.
Les deux côtes marginales peu sensibles, les trois intermédiaires filiformes....{ (p. 310)... PEUCÉDANE. (p. 313) . THYSSELINUM.

356 Fruit plane.....(p. 314) .. .. PANAIS.
Fruit ovoïde ou globuleux, ou peu comprimé............... 357

357 Fruit globuleux ou ovoïde,....... ... 358
Fruit lenticulaire, un peu comprimé, (p. 313). .... ANETH.

358 Involucre et involucelles polyphylles; carpophore en deux pièces.... (page 292)... . .. . PERSIL.
Involucre et involucelles nuls; carpophore entier. .. (p. 291). . . ACHE.

359 Calice à 2 valves..(p. 269). POURPIER.
Calice à plus de 2 valves ou de 2 lobes. 360

360 Feuilles opposées, 12 étamines.. (page 263).... .... SALICAIRE.
Feuilles alternes, ou nulles à l'époque de la floraison.. 361

361 ROSACÉES. { Un seul ovaire.. 362
Deux ou plusieurs ovaires ... 376

362 Ovaire adhérent avec le calice, et ordinairement chargé de plusieurs styles. 363
Ovaire libre, caché par le calice, et à 1 style. 370

363 5 styles, velus à la base... 364
Moins de 5 styles ou 5 styles glabres .. 366

364 Styles soudés par la base, fruit ombiliqué à la base. .(p. 245)... POMMIER.
Styles tout à fait distincts; fruits non ombiliqués à la base 365

365 Fruits cotonneux, à 5 loges polyspermes; graines enveloppées d'une pulpe mucilagineuse. (p. 244)... COIGNASSIER.
Fruits glabres, à cinq loges bi-spermes, graines sans mucilage.(p. 244). POIRIER.

366 Feuilles ailées ...(p. 247).... SORBIER.
Feuilles entières, dentées ou incisées... 367

367 Graines osseuses. 368
Graines cartilagineuses............... 369

368 Grandes fleurs solitaires, calice à cinq lanières foliacées (p. 243) . NÉFLIER.
Petites fleurs nombreuses, en bouquets, calice à pointes courtes ..... (page 242) .... AUBÉPINE.

369 Pétales orbiculaires, ovaire à une ou deux loges....(p. 250) ... ALISIER.
Pétales lancéolés, ovaire à cinq loges, (p. 246) .... AMÉLANCHIER.

370 Fleurs se développant avant ou avec les feuilles. 371
Fleurs se développant après les feuilles. 375

371 Fleurs pédonculées. 372
Fleurs presque sessiles, ou dont le pédicelle est plus court que le tube du calice. 373

372 Pédicelles plus longs que le diamètre de la fleur. . . . .(p. 209) . . . . CERISIER.
Pédicelles plus courts que le diamètre de la fleur. . .(p. 208). . . . . PRUNIER.

373 Feuilles roulées dans le bouton, avant leur épanouissement. . . . . (page 207). . . . . ABRICOTIER.
Feuilles pliées sur leur nervure avant leur développement. 374

374 Fleurs blanches. . .(p. 206). . AMANDIER.
Fleurs roses. . . .(p. 207). . . . . PÊCHER.

375 Feuilles simples, dentelées. . . . . . (page 209). . . . . CERISIER.
Feuilles ailées. . .(p. 231). . . . ROSIER.

376 Deux ovaires . .(p. 230). . . . AIGREMOINE.
Au moins cinq ovaires 377

377 Calice à cinq découpures. 378
Calice à huit ou dix découpures 380

378 Calice ouvert. 379
Calice étranglé au sommet et renfermant les ovaires. . . . .(p. 231) . . . ROSIER.

379 Fruit charnu; tige garnie d'aiguillons, (p. 216). . . . . RONCE.
Fruit non charnu; point d'aiguillons, (p. 213). . . . . SPIRÉA.

380 Calice à dix découpures, cinq pétales. . 381
Calice à huit découpures, quatre ou huit pétales.(p. 229) . . TORMENTILLE.

381 Graines ou ovaires surmontés d'une longue barbe. . . (p. 214). . BÉNOITE.
Graines ou ovaires non surmontés d'une barbe. 382

382 Graines ou ovaires portés sur un réceptacle grand et arrondi; fleurs jamais jaunes. 383

382 (S.) Graines ou ovaires portés sur un réceptacle petit, souvent pointu; fleurs souvent jaunes (p. 225). POTENTILLE.

383 Fruit charnu; fleurs blanches.. . (page 222).. .... FRAISIER.
Fruit non succulant; fleurs rouges, (p. 225)... .... COMARUM.

INCOMPLÈTES.

384 Fleurs entièrement nues, ou munies seulement d'une enveloppe commune à un grand nombre de fleurs.. ... 385
Fleurs munies chacune d'une enveloppe propre, ou perigone............. 388

385 Plante flottante ou végétant dans l'eau. 650
Plante croissant sur la terre........... 386

386 Sur propre laiteux.. 387
Sur propre non laiteux........ . 386 *bis.*

386 *bis.* Fleurs mâles placées au-dessus des fleurs femelles dans le milieu du spadice, (p. 680).............. .. ARUM.
Étamines et ovaires entremêlées dans toute la longueur du spadice .. (page 681).. .... CALLA.

387 Arbre à feuilles lobées et fruit charnu, (p. 630).... .... FIGUIER.
Herbes ou sous-arbrisseaux à feuilles entières ou dentées et à fruit sec (page 617)..... .... EUPHORBE.

388 Plus de six étamines 389
Six étamines ou moins 401

389 Un seul ovaire 390
Plusieurs ovaires.......... 400

390 Ovaire libre, placé dans le périgone... 391
Ovaire adhérent, placé sous le limbe du périgone...... 397

391	Feuilles alternes.......	392
	Feuilles opposées ou verticillées.......	396
392	Ovaire pédicellé; suc propre laiteux, (p. 617)...	EUPHORBE.
	Ovaire sessile; suc propre non laiteux.	393
393	Un seul style et un seul stigmate	394
	Plusieurs styles et plusieurs stigmates..	395
394	Fruit charnu; style naissant du sommet de l'ovaire, plante ligneuse.. .(page 611).	DAPHNÉ.
	Fruit non charnu; style naissant sur le côté de l'ovaire; plante herbacée. (page 611).....	STELLERA.
395	Arbre élevé..... (p. 631)......	ORME.
	Plante herbacée.. (p. 603)...	RENOUÉE.
396	Arbres à feuilles opposées..... .(page 133).	ÉRABLE.
	Herbe à feuilles verticillées.. ... (page 712).........	PARISETTE.
397	Dix étamines ou moins	398
	Douze étamines ou plus. ....(page 616)...	ASARUM.
398	Deux styles............	399
	Quatre ou cinq styles (p. 336)..	ADOXA.
399	Feuilles entières, linéaires; périgone tubuleux . (p. 274)....	GNAVELLE.
	Feuilles dentelées, arrondies, périgone ouvert (p. 284) ..	CHRYSOSPLÉNIUM.
400	Neuf étamines ...(p. 665)....	BUTOME.
	Plus de neuf étamines........ . ..	289
401	Périgone coloré et ayant l'apparence d'une corolle...	402
	Périgone foliacé, membraneux ou écailleux, et ayant l'apparence d'un calice.	443
402	Trois étamines ou plus.............	403
	Une ou deux étamines........... .	436

403 { Trois étamines........................ 404
Quatre étamines..... 407
Cinq étamines.................. ... 408
Six étamines........................ 412

404 { Feuilles radicales ou alternes......... 405
Feuilles opposées..................... 140

405 { Stigmates très-grands et ayant l'apparence de pétales...(p. 703).... IRIS.
Stigmates non pétaliformes............ 406

406 { Fleur régulière. .(p. 705).... SAFRAN.
Fleur irrégulière, presque labiée. (page 704). .... GLAYEUL.

407 { Tige munie de deux feuilles seulement, (p. 711).............. MAIANTHÈME.
Tiges ou rameaux feuillés dans toute leur longueur..(p. 613) ... THÉSIUM.

408 { Feuilles opposées..... 409
Feuilles alternes ou radicales. 410

409 { Des stipules entre les feuilles; fleurs très-petites. ..(p. 273)..... ILLÉCÉBRUM.
Point de stipules, fleurs assez grandes, (p. 583) . ... NYCTAGE.

410 { Ovaire libre, placé dans le périgone . 411
Ovaire adhérent à la base du périgone, (p. 613)................. THÉSIUM.

411 { Cinq styles.....(p. 580)..... STATICÉ.
Deux à trois styles.(p. 603). . RENOUÉE.

412 { Un seul ovaire, un seul style ou point de style. 413
Plusieurs ovaires ou plusieurs styles, ou un seul ovaire avec plusieurs styles, ou plusieurs stigmates............... 433

413 { Ovaire libre, placé dans le périgone. .. 414
Ovaire adhérent ou placé sous le limbe du périgone 431

414 Tige garnie de feuilles. 415
Hampe nue, feuilles radicales. 420

415 Fleurs disposées en ombelle et sortant d'une spathe. . . . (p. 723). . . . . AIL.
Fleurs non disposées en ombelle et ne sortant pas d'une spathe. 416

416 Feuilles opposées. (p. 264). . . PÉPLIDE.
Feuilles éparses ou verticillées 417
Feuilles très-fines et naissant par touffes, (p. 708). . . . . ASPERGE.

417 Fleurs divisées jusqu'à la base. 418
Fleurs à six dents ou divisions peu profondes. . . . . (p. 709). . . . . MUGUET.

418 Une glande nectarifère ovale ou arrondie à la base des lanières de la fleur, (p. 714) . . . . FRITILLAIRE.
Un sillon longitudinal sur la base interne des divisions de la fleur. 419

419 Périgone en cloche non persistant (page 715) . . . . LYS.
Périgone étalé, persistant. . . . . . .(page 719). GAGÉA.

420 Périgone divisé presque jusqu'à la base. 421
Périgone divisé en lobes qui ne passent pas le milieu. 428

421 Trois stigmates sessiles au sommet de l'ovaire. 422
Un seul style distinct 423

422 Fleur solitaire et assez grande. . . (page 714). . . . . TULIPE.
Fleurs petites, disposées en épis ou en grappes . . . (p. 667). . . . . . TROSCART.

423 Fleurs en grappes, en épis ou en panicule 424
Fleurs en ombelles sortant d'une spathe, (p. 723). . . . . AIL.

424 Filaments des étamines élargis à leur base.....(p. 718)..... ORNITHOGALE.
Filaments des etamines non élargis à leur base.................. 425

425 Fleurs jaunes. . (p. 719).... GAGÉA.
Fleurs bleues ou blanches........... 426

426 Racine bulbeuse.................. 427
Racines fibreuses, fleurs jamais bleues, (p. 716)............ PHALANGÈRE.

427 Périgone ouvert, à six divisions caduques, fleurs bleues.(p. 722). SCILLE.
Périgone campanulé, à six divisions profondes soudées entr'elles .. ..(page 728) .... ENDYMION.

428 Fleurs globuleuses, en grelot ou cylindriques et à six dents............ 429
Fleurs en tube ou en entonnoir, et à six lobes...................... 430

429 Fleurs blanches, fruit charnu... .(page 709).................... MUGUET.
Fleurs bleues ou violettes, fruit non charnu.....(p. 717)....... MUSCARI.

430 Étamines déjetées de côté; périgone resserré à la base et en cloche au sommet, (p. 727)..... .... . HÉMÉROCALLE.
Étamines droites; périgone en tube ou en entonnoir...(p 717).... JACINTHE.

431 Entrée du tube couronnée par un godet cylindrique, ou en cloche.... .(page 706). ... . NARCISSE.
Entrée du tube nue................. 432

432 Les six lanières du périgone égales entre-elles ..(p. 707).... PERCE-NEIGE.
Trois lanières internes de moitié plus petites que les trois autres ....(page 708) .... GALANTHINE.

433 Un seul ovaire chargé de plusieurs styles ou de plusieurs stigmates........... 434
Plusieurs ovaires entièrement distincts. 436

434 Fleurs radicales, naissant avant les feuilles, (p. 729)............... COLCHIQUE.
Fleurs en épis ou grappes naissant après les feuilles........................ 435

435 Feuilles la plupart radicales, trois ovaires. .... 435 *bis*.
Feuilles toutes disposées le long de la tige; deux stigmates (p. 603). RENOUÉE.

435 *bis*. Moins de six ovaires............. 435 *ter*.
Six ovaires ou davantage.........(page 664)..................... ALISMA.

435 *ter*. Trois lanières internes du périgone plus colorées que les autres.. ....(page 667).................. TROSCART.
Toutes les lanières du périgone également colorées.(p. 666). SCHEUCHZERIA.

436 Étamines placées sur le périgone...... 140
Étamines placées sur le pistil......... 437

437 ORCHIDÉES.. Division inférieure de la fleur prolongée à la base en éperon 438
Division inférieure de la fleur sans éperon 439

438 Des feuilles vers la racine ou sur la tige, (p. 683)................. ORCHIS.
Feuilles nulles on remplacées par des écailles .... (p. 695). ... LIMODORE.

439 Des feuilles vers la racine ou sur la tige. 440
Feuilles nulles et remplacées par des écailles (p. 697). EPIPACTIS NID D'OISEAU.

440 Division irrégulière de la fleur placée du côté inférieur.................... 441
Fleur renversée ; division irrégulière placée du côté supérieur.........(page 702).................... MALAXIS.

441 Style obtus........................ 442
Style surmonté d'un appendice aigu, (p. 701)............... SPIRANTHÈS.

442 Stigmate placé à la partie supérieure du style.. ...(p. 691).... ... OPHRYS.
Stigmate oblique, terminal...... (page 696)................. EPIPACTIS.

---

443 Plantes herbacées..... 444
Arbre ou arbuste........ 508

444 Une étamine. 445
Deux ou trois étamines............ 447
Quatre étamines... 491
Cinq étamines. 495
Six étamines...................... 501

445 Feuilles nulles et alternes.... .. 445 *bis*.
Feuilles opposées ou verticillées..... 446

445 *bis*. Feuilles nulles, rameaux charnus, (p. 586)......... .... SALICORNE.
Feuilles alternes. . (p. 593). . . BLETTE.

446 Feuilles opposées. . (p. 260).. CALLITRIC.
Feuilles verticillées . (p. 259) PESSE.

447 Fleurs entourées de glumes; feuilles engaînantes.......... 448
Fleurs non glumacées ; feuilles non engaînantes... (p. 587) .. POLYCNÈME.

448 Tige noueuse, gaîne des feuilles fendue en long.... 449
Tige sans nœuds réguliers; gaîne des feuilles non fendue en long........ 487

449 GRAMINÉES.
- Epillets composés de fleurs toutes hermaphrodites ou entremêlées de fleurs mâles et femelles. 450
- Epillets, les uns entièrement mâles, les autres entièrement femelles ou hermaphrodites, ou polygames. 485

450
- Épillets pédonculés, et formant une grappe ou une panicule. 451
- Epillets sessiles, et disposés en épis simples ou rarement rameux. 476

451
- Epillets composés d'une seule fleur. 452
- Epillets composés de deux ou plusieurs fleurs. 463

452
- Deux étamines 453
- Trois étamines. 454

453
- Bâle intérieure munie d'une petite arête sur le dos. . . . (p. 779). . . . . FLOUVE.
- Bâle sans arête dorsale (p. 782). CRYPSIS.

454
- Une glume et une bâle. 455
- Point de glume, bâle à deux valves, (p. 784) . . . . LÉERSIA.

455
- Glume à deux valves. 456
- Une troisième valve en dehors de la glume. . . . . . .(p. 774). . . . . . . PANIS.

456
- Surface externe des glumes ou des bâles garnie de longs poils . . . . . . (page 788). . . . . CALAMAGROSTIS.
- Surface externe des glumes et des bâles à peu près glabres. 457

457
- Une ou plusieurs arêtes sur la glume ou sur la bâle. 458
- Point d'arête ni sur la glume ni sur la bâle 459

458 { Arête naissant de la base de la valve externe des bâles...(p. 780)... VULPIN.
Arête naissant du dos de la valve...... 461

459 { Fleurs presque sessiles, disposées en épis grêles et digités. (p. 774).. PANIS.
Fleurs pédicellées, en grappes ou en panicules plus ou moins serrés... 460

460 { Valves de la glume tronquées au sommet, (p. 783).... .... PHLÉOLE.
Valves de la glume non tronquées au sommet...... 461

461 { Valves de la glume en carène enveloppant la bâle, et munie d'une crête saillante sur leur nervure longitudinale.. ...(p. 778). ..... PHALARIS.
Valves de la glume presque ouvertes... 462

462 { Glume ventrue; semences restant enveloppées par la bâle. (p. 790) MILLET.
Glume non ventrue, semences libres, (p. 785)............... AGROSTIS.

463 { Axe de chaque épillet glabre ou un peu pubescent. 464
Axe de l'épillet garni de poils qui recouvrent les bâles. (p. 790).. ROSEAU.

464 { Bâles munies d'arêtes 465
Epillets entièrement dépourvus d'arêtes. 472

465 { Arête naissant sur le dos ou à la base de la valve de la bâle.............. 466
Arête naissant au sommet de la valve ou près du sommet. 467

466 { Arête naissant à la base de la valve. (page 793).... .... CANCHE.
Arête naissant sur le dos de la valve et genouillée.....(p. 797)..... AVOINE.

467 Arête naissant dans une échancrure du sommet de la valve. . . . . . . (page 801). . . . . DANTHONIA.
Arête ne naissant pas dans une échancrure. 468

468 Arête naissant un peu au-dessous du sommet. 469
Arête réellement terminale. 470

469 Valve interne à bord plissé en dehors et garni de deux rangs de cils. . . (page 824). . . . . BROME.
Valve interne de la bâle étroite, sans rebords et pointue. (p. 792). . KOELÉRIA.

470 Valves des glumes fortement creusées en carêne, arête très-courte. . . . (page 813). . . . . DACTYLE.
Valves concaves ou peu carénées, arête de longueur variable. 471

471 Valve interne des fleurs bordées supérieurement par des soies raides, ou ciliées pectinées. . . . . (page 822). . . . . BRACHYPODIUM.
Point de cils ou soies raides sur la valve interne des bâles. . . . . (page 814). . . . . FÉTUQUE.

472 Epillets n'ayant qu'une ou deux fleurs fertiles; valves de la glume très-scarieuses. 473
Epillets ayant de trois à vingt fleurs fertiles, valves de la glume peu scarieuses. 474

473 Bâle à valves ventrues, plus courtes que la glume. . . (p. 802). . MÉLIQUE.
Valves de la bâle aigües, plus longues que la glume. . . (p. 812). . MOLINIA

474 Valves de la bâle très-ventrues, évasées en forme de cœur. . (p. 804) . BRIZE.
Valves de la bâle peu ventrues et non en forme de cœur. 475

475 Fleurs comprimées et carénées au dos, (p. 805). . . . . PATURIN.
Fleurs obtuses, demi-cylindriques, non carénées, presque ventrues intérieurement. . . . (p. 809). . . . GLYCÉRIA.

476 Épillets simplement sessiles; axe non creusé. 477
Épillets un peu enfoncés à leur base dans les cavités de l'axe. . . . . , . . 481

477 Épillets uniflores.. 478
Épillets à deux ou plusieurs fleurs. . . . 479

478 Deux stigmates. .(p. 783).. . PHLÉOLE.
Un seul stigmate. . .(p. 840)... . NARD.

479 Une bractée foliacée à la base de chaque épillet. . . (p. 814)..... CYNOSURE.
Point de bractées à la base des épillets. . 480

480 Valve externe des bâles entière au sommet, et chargée d'une arête dorsale, (p. 797).. . . . . AVOINE.
Valve externe des bâles divisée en pointes ou en arêtes à son sommet. . . (page 791). . . . . SESLÉRIA.

481 Épillets solitaires sur chaque dent de l'axe. 482
Deux ou trois épillets sur chaque dent de l'axe. 484

482 Une ou deux fleurs fertiles dans chaque épillet.. . . . (p. 834). . . . SEIGLE.
Plus de deux fleurs fertiles dans chaque épillet. 483

483 Valves de la glume égales entre-elles, et opposées à l'axe, l'une à droite, l'autre à gauche..(p. 830)... FROMENT.
Valves de la glume inégales, et parallèles à l'axe, l'une et l'autre au devant de l'axe.. . . . (p. 838)... . . . YVRAIE.

484 Épillets uniflores. . (p. 835). . . ORGE.
Épillets à deux ou quatre fleurs. . (page 834). . . . . ELYME.

485 Épillets, les uns mâles, les autres femelles ou hermaphrodites, mélangés ensemble dans les mêmes épis. . . . 486
Épillets mâles disposés en panicule terminale, épillets femelles en épis axillaires. . . . . (p. 773). . . . . MAÏS.

486 Fleurs en épis; épillets trois ensemble sur chaque dent de l'axe. . . . (page 835). . . . . ORGE.
Fleurs en panicule, fleurs polygames, (p 796). . . . . HOUQUE.

487 CYPÉRACÉES. . Fleurs hermaphrodites; graines nues. 488
Fleurs dioïques ou monoïques; graines renfermées dans un godet, ou capsule percée au sommet, (p. 750). . . . . . CAREX.

488 Glumes des épillets disposées sur deux rangs opposés et réguliers. . . . (page 741) . . . . SOUCHET.
Glumes des épillets imbriquées en tous sens. 489

489 Graines tout à fait nues, ou entourées de soies plus courtes que les glumes... 490
Graines entourées de soies très-longues, (p. 748) . . . . LINAIGRETTE.

490 Glumes toutes fertiles. (p. 743). SCIRPE.
Glumes inférieures de chaque épi stériles ...(p. 742)........... CHOIN.

491 Un ou deux ovaires et un ou deux stigmates. . . . . 491 *bis*.
Quatre ovaires et quatre stigmates, (p. 668). . . . . POTAMOGÉTON.

491 bis. { Un seul ovaire.................... 492
Deux ovaires. (p. 240) . . SANGUISORBE.

492 { Ovaire libre dans le périgone......... 493
Ovaire adhérent au périgone.... (page 613).................... THÉSIUM.

493 { Feuilles divisées en plusieurs lobes, (p. 239)................. ALCHÉMILLE.
Feuilles entières. 494

494 { Fleurs axillaires; fruit à une graine, (p. 627)............. ... PARIÉTAIRE.
Fleurs en épis terminaux, capsule à deux ou plusieurs graines. ...(page 581).. .... PLANTAIN.

495 { Feuilles alternes....... 496
Feuillles opposées.................. 499

496 { Périgone non tubuleux 497
Périgone tubuleux..(p. 613). THÉSIUM.

497 { Toutes les fleurs hermaphrodites..... . 498
Fleurs hermaphrodites, mélangées de fleurs femelles. .(p. 595) . ARROCHE.

498 { Un style à deux ou trois stigmates, (p. 588)..... .... ANSÉRINE.
Deux styles.. ..(p. 594)...... BETTE.

499 { Des stipules à la base des feuilles...... 500
Point de stipules 497

500 { Capsules à cinq valves; stipules et bractées grandes et membraneuses, (p. 273) . ... ILLÉCÈBRUM.
Capsules ne s'ouvrant pas; stipules et bractées peu apparentes ... ..(page 272).................. HERNIAIRE.

501 { Étamines sessiles sur le pistil...(page 615) . ... ARISTOLOCHE.
Etamines non placées sur le pistil. ... 502

502 { Périgone à quatre folioles.......... 159
Périgone à trois, six ou douze parties. 503

503 { Feuilles alternes.................. 504
Feuilles opposées..(p. 264).. PÉPLIDE.

504 { Feuilles linéaires, lancéolées ou ovales, toujours entières. 505
Feuilles de formes diverses et dentées, incisées ou anguleuses ...... (page 597).. .... RUMEX.

505 { Un seul ovaire et un seul style. 506
Plusieurs ovaires ou plusieurs styles, (p. 667). .... TROSCART.

506 { Fleurs disposées en épis sessiles et placés sur le côté de la tige.(p. 682). ACORUS.
Fleurs en tête, en grappes, ou en panicule, ou solitaires 507

507 { Feuilles cylindriques; capsule à trois loges. . (p. 730)......... JONC.
Feuilles planes, capsule à une loge, p. 737 .... LUZULE.

508 { Ovaire globuleux; fruit charnu et arrondi..... (p. 152)... NERPRUN.
Ovaire comprimé; fruit membraneux et aplati. .. (p. 631)...... ORME.

UNISEXUELLES.

508 *bis.* { Fleurs monoïques; les mâles et les femelles sont sur le même individu. . . 509
Fleurs dioïques; les mâles et les femelles sont sur deux individus. 528

509 { MONOÏQUES.. { Arbres............. 510
Herbes.. 536

510 { Feuilles entières, dentées ou lobées. . 511
Feuilles ailées ou digitées. 535

511 { Feuilles alternes ou en faisceaux. . . . 512
Feuilles ou boutons opposés.. 532

512 { Feuilles entières ou dentelées, ou pinnatifides............. ,... 513
Feuilles lobées, à nervures palmées . . 531

513
- Filaments des étamines nuls ou soudés ensemble; feuilles jamais dentées, ordinairement linéaires et persistantes. 514
- Filaments des étamines distincts; feuilles souvent dentées et ordinairement caduques.. 520

514 CONIFÈRES..
- Feuilles naisant par faisceaux 515
- Feuilles solitaires. 516

515
- Deux à cinq feuilles à chaque faisceau, (p. 658). . . . . PIN.
- De 15 à 20 feuilles à chaque faisceau, (p. 661). . . . . MELÈZE.

516
- Feuilles alternes. 517
- Feuilles verticillées. (p. 656) . GÉNÉVRIER.

517
- Fruit charnu ou baie; anthères en bouclier, à huit lobes. . (p. 655) . . IF.
- Fruit nullement charnu; anthères n'ayant point la forme d'un bouclier. 518

518
- Feuilles persistantes; écailles des cônes obtuses. 519
- Feuilles caduques; écailles des cônes prolongées en pointe à l'époque de la floraison.. . . (p. 661). . MÉLÈZE.

519
- Feuilles solitaires, rameaux étalés, (p. 660).. . . . . SAPIN.
- Feuilles imbriquées, serrées sur quatre rangs; rameaux peu divergeants, (p. 657).. . . . . THUYA.

520 AMENTACÉES..
- Fleurs monoïques 521
- Fleurs dioïques. 528

521
- Cinq étamines ou plus. 522
- Quatre étamines ou moins. 526

522
- Chatons mâles globuleux.. 523
- Chatons mâles allongés et cylindriques. 524

523 Huit étamines, ou trois stigmates, (p. 634). . . . . Hêtre.
Plus de huit étamines ou un stigmate, (p. 638) . . . . Platane.

524 Fleurs, les unes mâles, les autres femelles. 525
Fleurs, les unes mâles, les autres hermaphrodites.. (p. 634).. Chataignier.

525 Anthères terminées par un poil, (page 637) . . . . Charme.
Anthères non barbues. 526

526 Cinq ou huit étamines. 527
Plus de dix étamines, (p. 652).. Bouleau.

527 Fruit non enveloppé d'une coque osseuse ; cinq à dix étamines, (p. 635). Chêne.
Fruit enveloppé d'une coque osseuse ; huit étamines insérées sur une écaille à trois lobes. . . (p. 635). . Coudrier.

528 Graines chargées de houppes de poils. . 529
Graines non poilues. 530

529 De une à cinq étamines. (p. 639). Saule.
De huit à vingt étamines. . . . (page 647) . . . . Peuplier.

530 Chatons mâles cylindriques ; fruit non charnu. . . . (p. 653) . . . . Aulne.
Chatons ovoïdes ; fruit charnu, (page 630) . . . . Murier.

531 Suc propre laiteux ; fleurs enfermées dans une enveloppe charnue. . . . . (page 630) . . . . Figuier.
Suc propre non laiteux ; fleurs disposées en épi ou en chatons courts. . . (p. 630) . . . . Murier.

532 Arbre ou arbrisseau élevé et non parasite. 533
Sous-arbrisseau parasite sur d'autres arbres. . . (p. 335). . . . . . . Gui.

533 { Feuilles entières 534
Feuilles à trois ou cinq lobes. . (page 133) . . . . , ... ÉRABLE.

534 { Feuilles très-petites, imbriquées, serrées contre le rameau, (p. 657). THUYA.
Feuilles grandes, étalées, (p. 617). BUIS.

535 { Feuilles ou boutons opposés . . . (page 464). . . . . FRÊNE.
Feuilles alternes. . (p. 633) . . NOYER.

536 { Fleurs entièrement nues, ou munies seulement d'une enveloppe commune à plusieurs fleurs. 385
Fleurs munies au moins d'une enveloppe propre. 537

537 { Une à 6 étamines. 538
Plus de 6 étamines 553

538 { Une vrille à l'aisselle des feuilles. . . . 539
Point de vrille à l'aisselle des feuilles. . 542

539 { Fruit à une loge ; fleurs dioïques, (page 268). . . . . BRYONNE.
Fruit à plusieurs loges ; fleurs monoïques. 540

540 { Graines à bords aigus et nichés dans une pulpe. . . . . . (p. 267). CONCOMBRE.
Graines à bords calleux non nichées dans une pulpe. 541

541 { Fleurs blanches, graines presque carrées. . . . . . . (p. 267). . GOURDE.
Fleurs jaunes ; graines ovales. . . (page 265). . . . . COURGE.

542 { Une ou deux étamines. 543
Trois étamines. 545
Quatre étamines. 548
Cinq étamines. 551

543 { Un seul ovaire. 544
Deux à six ovaires dans chaque fleur, (p. 674). . . . . ZANICHELLIA.

544 { Deux styles; feuilles opposées. . (page 260). . . . . Callitriche.
Style nul ou solitaire, feuilles alternes ou verticillées. 650

545 { Feuilles linéaires, à nervures simples et parallèles. 546
Feuilles ovales, à nervures rameuses, (p. 584). . . . . Amarante.

546 { Un style à deux ou trois stigmates; gaîne des feuilles entières. . . . . 546 *bis.*
Point de style; deux stigmates; gaîne des feuilles fendues en long. 449

546 *bis.* { Une écaille à la base de chaque fleur (pour bractée). 487
Point d'écailles à la base des fleurs. . . 547

547 { Chatons cylindriques (p. 678). Massette.
Chatons globuleux. (p. 679). Ruban-d'eau.

548 { Ovaire libre dans la fleur.. 549
Ovaire adhérent ou sous la fleur. 550

549 { Toutes les fleurs mâles ou femelles; poils à piqûre brulante, (p. 626). . Ortie.
Fleurs hermaphrodites, mélangées avec des fleurs femelles; piqûre des poils non brulante. . (p. 627). Pariétaire.

550 { Feuilles verticillées. . . . . (page 344), ... *Gaillet croisette.*
Feuilles opposées. . . (p. 335). . Gui.

551 { Fleurs rapprochées, mais non entourées d'involucre. 552
Fleurs réunies dans un involucre commun. . (p. 640). . . . . . Lampourde.

552 { Fleurs les unes mâles, les autres femelles. . . (p. 594). . . . . Epinard.
Fleurs les unes femelles, les autres hermaphrodites. (p. 595). . . Arroche.

553 { Feuilles opposées ou verticillées.. . . . 554
Feuilles radicales ou alternes. 556

554 Feuilles opposées, presque entières, (p. 625) . . . . Mercuriale.
Feuilles verticillées ou très-découpées . . 555

555 Huit étamines. (p. 238).. Volant-d'eau.
Environ vingt étamines.(p. 262) Cornifle.

556 Un seul ovaire, suc propre laiteux.(page 617). . . . . Euphorbe.
Plusieurs ovaires, suc propre non laiteux. . . . (p. 664). . . . Sagittaire.

557 Dioïques. Arbres ou arbrisseaux. 558
Herbes. 564

558 Feuilles ou boutons opposés ou verticillés. 559
Feuilles ou boutons alternes. 560

559 Plante parasite sur les autres arbres, (p. 335). . . . . Gui.
Arbre ou arbrisseau élevé. (p. 464).Frêne.

560 Fleurs munies d'un calice et d'une corolle.. . . . (p. 152).. . . . Nerprun.
Fleurs formées d'une seule enveloppe. 561

561 Calice ou périgone à six divisions. . . . 562
Calice ou périgone nul, ou à moins de six divisions. 563

562 Feuilles linéaires, naissant en faisceau, (p, 708). . . . . Asperge.
Feuilles non linéaires et ne naissant pas en faisceau. . . (p. 612). . . Laurier.

563 Périgone tubuleux à trois, quatre ou cinq lobes. 564
Périgone nul ou non tubuleux, ou en forme d'écailles, ou à deux parties. . 513

564 Plante terrestre ou parasite. 565
Plante flottant dans l'eau, ou vivant au fond de l'eau. (p. 663). . Hydrocharis.

565 Feuilles alternes. 566
Feuilles opposées. 573

566 { Feuilles ailées, digitées ou décomposées. 567
Feuilles simples, entières ou incisées. . 568

567 { Feuilles digitées; périgone à cinq lobes, (p. 628). . . . . Chanvre.
Feuilles ailées avec impaire; périgone à quatre lobes. . (p. 240). Pimprenelle.

568 { Feuilles engaînantes à leur base. 569
Feuilles non engaînantes.. 570

569 { Fleurs glumacées, deux à trois étamines, (p. 750). . . . . Carex.
Fleurs non glumacées, six étamines, (p. 597). . . . . Rumex.

570 { Périgone à six lobes. 571
Périgone à moins de six lobes. 572

571 { Feuilles linéaires naissant en faisceau, (p. 708). . . . . Asperge.
Feuilles solitaires, non linéaires. (page 713). . . . . Tamus.

572 { Périgone à cinq lobes. 573
Périgone à deux ou quatre lobes.. . . . 574

573 { Une vrille à l'aisselle des feuilles, trois étamines. . . (p. 268). . . . Bryone.
Point de vrilles; cinq étamines. . (page 594). . . . . Épinard.

574 { Cinq étamines; quatre styles. . . (page 594). . . . . Épinard.
Quatre étamines; un stigmate. . . (page 626). . . . . Ortie.

575 { Tige longue, tortillée et grimpante, (p. 629). . . . . Houblon.
Tige non grimpante. 576

576 { Plante parasite. . . (p. 335). . . . Gui.
Plante non parasite. 577

577 { Feuilles digitées. . (p. 628). . Chanvre.
Feuilles simples, non digitées. 578

578 { Une corolle et un calice. 579
Une seule enveloppe à la fleur.. 580

579 { Corolle monopétale. 140
Corolle polypétale.. (p. 97). . LYCHNIS.

580 { Trois étamines. 140
Neuf à douze étamines; deux styles, (p. 625). . . . . MERCURIALE.

FLEURS CONJOINTES.

581 { Corolles ou fleurons de même sorte, toutes en languettes, ou toutes en cornets. 582
Corolle ou fleurons de deux sortes : cellès du centre en cornets et celles de la circonférence en languettes formant une couronne. 633

582 { Fleurs semiflosculeuses; corolle formant un très-petit tube à leur base, et se prolongeant d'un côté en une languette ou lanière allongée. . . . . , . 583
Fleurs flosculeuses; corolle en cornet ou en tube à quatre ou cinq dents à peu près régulières, ou cinq lobes. . . . 606

583 CHICORACÉES ou SÉMIFLOSCULEUSES.. { Graines ou ovaires chargés d'aigrettes.. 584
Graines nues ou toutes dépourvues d'aigrettes.. 604

584 { Aigrettes composées de poils.. 585
Aigrette composée d'écailles ou de membranes. . . (p. 411). . . . CHICORÉE.

585 { Poils de l'aigrette simples et non rameux, au moins à l'œil nu. 586
Poils de l'aigrette plumeux. 598

586 { Graines terminées par un appendice mince qui fait paraître l'aigrette pédicellée. 587
Graines non terminées en col mince; aigrette sessile. 592

587 Réceptacle nu, ou un peu ponctué.. . . 588
Réceptacle garni de paillettes entremêlées avec les fleurs. . . . . . (page 419). . . . . Hypochoeris.

588 Involucre à sept ou huit folioles entourées à leur base d'une seconde rangée avortée. 589
Involucre à folioles nombreuses et imbriquées. 590

589 Tige garnie de feuilles. . . . . . (page 422). . . . . Chondrille.
Tige nue ; feuilles radicales. . . . (page 420). . . . . Taraxacum.

590 Folioles de l'involucre membraneuses sur les bords, fleurs blanches ou jaunes.. . . . (p. 423). . . . Laitue.
Folioles de l'involucre non membraneuses sur les bords ; fleurs toujours jaunes. 591

591 Folioles de l'involucre déjetées en dehors à la maturité ; hampe nue et à une fleur. . . . (p. 420).. . . Taraxacum.
Folioles de l'involucre serrées et entourant les graines à la maturité ; tiges souvent feuillées ou à plusieurs fleurs, (p. 428). . . . . Barkausia.

592 Aigrettes à la circonférence différentes de celles du centre, celles-ci pédicellées, et les premières sessiles. . (page 420). . . . . Hypochæris glabre.
Aigrettes toutes semblables. 593

593 Réceptacle nu. 594
Réceptacle chargé de poils ou d'écailles. 597

594 Involucre imbriqué et composé d'un grand nombre de folioles. 595
Involucre à folioles non imbriquées et peu nombreuses (p. 423). Prénanthès.

595 Folioles extérieures de l'involucre lâches, (p. 429). . . . . Crépis.
Folioles toutes imbriquées.. 596

596 Aigrette toujours blanche et molle; graines comprimées. (p. 426). Laitron.
Aigrette raide, souvent roussâtre; semences cylindriques.. (p. 433).. Epervière.

597 Réceptacle chargé de poils. . . . . page 433). . . . . Epervière.
Réceptacle chargé de paillettes ou d'écailles. . . (p. 419). . . Hypochæris.

598 Graines amincies au sommet en un col étroit qui fait paraître l'aigrette pédicellée. . . , ... 599
Graines non amincies en col; aigrette sessile. 602

599 Involucre à 8 ou 10 folioles égales soudées ensemble. . (p. 416).. Salsifis.
Involucre à plusieurs folioles disposées sur deux ou plusieurs rangs......... 600

600 Graines striées en travers ou tuberculeuses.....(p. 415)..... Helminthia.
Graines lisses ou striées en long....... 601

601 Graines portées sur un pédicelle creux (p. 418)....... ..... Podosperme.
Graines sessiles .(p. 417). . Scorsonère.

602 Aigrettes des graines extérieures courtes et en couronne dentée....... ..(p. 412) . ... Thrincie.
Toutes les aigrettes plumeuses 603

603 Graines lisses et striées en long.....(p. 413). .. .. Léontodon.
Graines tuberculeues ou striées en travers (p. 414)................. Picride.

604 Réceptacle nu... 605
Réceptacle garni d'écailles, ...(p. 411)................. Chicorée.

605 Involucre cylindrique, à folioles canaliculées . . (p. 410) ..... LAMPSANE.
Involucre presque globuleux, pédoncules renflés.... (p. 411) .... ARNOSÉRIS.

FLOSCULEUSES.

606 Graines couronnées d'une aigrette de poils. 607
Graines nues, ou terminées par une ou deux dents.......... 626

607 Poils de l'aigrette simples, ou légèrement dentés....... 608
Poils de l'aigrette rameux ou plumeux.. 624

608 Réceptacle garni d'écailles ou de pailletes, feuilles souvent épineuses......... 609
Réceptacle nu; feuilles et involucre jamais épineux. 615

609 Paillettes du réceptacle longues et très apparentes 610
Paillettes tronquées et formant de petites alvéoles... (p. 400)... . ONOPORDON.

610 Fleurons tous égaux et hermaphrodites. 613
Fleurons extérieurs grands, femelles ou stériles. 611

611 Fleurs jaunes; aigrettes paléacées...... 612
Fleurs blanches, bleues ou purpurines; aigrettes capillaires ou nulles.....(p. 405)............. ... CENTAURÉE.

612 Tige ailée; feuilles décurrentes; involucre glabre,............. .. (p. 409)....... *Centaurée du solstice.*
Tige non ailée; feuilles non décurrentes; involucre laineux..... . (p. 404) .... KENTROPHYLLUM.

613 Folioles de l'involubre épineuses. . .(p. 399)... .... CHARDON.
Folioles de l'involucre non épineuses .. 614

614 Folioles de l'involucre aiguës et crochues au sommet . (p. 401). . .. BARDANE.
Folioles droites et non crochues....(p. 403)... ... . SARRETTE.

615 Fleurs jaunes ou jaunâtres........... 616
Fleurs rougeâtres ou blanchâtres..... 620

616 Folioles de l'involucre foliacées.. ... 617
Folioles de l'involucre scarieuses et coloriées.......................... 618

617 Fleurons tous égaux et à 5 dents....(p. 390).................. .. SÉNEÇON.
Fleurons extérieurs grêles et à 3 dents (p. 373)............... .. CONYZE.

618 Involucre imbriqué, à 5 angles ....(p. 575)................... FILAGO.
Involucre imbriqué, hémisphérique ou cylindrique...................... 619

619 Fleurs toutes hermaphrodites, écailles de l'involucre inégales, très scarieuses (p. 379) .... HELYCHRYSUM.
Fleurs les unes hermaphrodites, les autres femelles ou stériles. . . .(p. 377)................ GNAPHALIUM.

620 Feuilles opposées, le plus souvent digitées.. . (p. 360). .... .. EUPATOIRE.
Feuilles alternes, toujours simples 621

621 Folioles de l'involucre disposées sur un seul rang ou sur deux rangs, dont l'un fort petit 622
Folioles de l'involucre imbriquées..... 623

622 Têtes de fleurs radiées.... .....(p. 361)......... .... TUSSILAGE.
Têtes de fleurs flosculeuses et dioïques (p. 361)..... .... PÉTASITE.

623 Aigrettes nulles dans le bord et à 5 paillettes dans les graines du centre ..(p. 409) .... XÉRANTHÈME.
Aigrettes toutes composées de poils nombreux...(p. 377). ... GNAPHALLIUM.

624 Folioles intérieures de l'involucre grandes, scarieuses, colorées et en forme de couronne. .(p. 402) .. CARLINE.
Folioles internes de l'involucre ni grandes ni colorées, ni en couronne... 625

625 Réceptacle très-grand et très-charnu (p. 398) .... ARTICHAUT.
Réceptacle peu ou point charnu....(p. 395)..................... CIRSE.

626 Involucre épineux (p. 404). . CARTHAME.
Involucre non épineux............... 627

627 Etamines insérées sur la corolle....... 628
Etamines non inserées sur la corolle..(p. 441)................ ... JASIONE.

628 Réceptacle nu ou chargé de poils...... 629
Réceptacle garni d'écailles ou de paillettes.. 631

629 Toutes les graines nues, ou toutes munies d'une courte membrane. 630
Graines extérieures nues, celles du centre munies d'une aigrette à 5 poils (p. 409)............ XÉRANTHÈME.

630 Graines tout-à-fait nues; fleurons extérieurs entiers. (p. 380)..... ARMOISE.
Graines couronnées par une petite membrane, fleurons extérieurs à 3 dents (p. 382). .... TANAISIE.

631 Feuilles alternes.................... 632
Feuilles opposées, graines à 2 dents (p. 368)..................... BIDENS.

632 Involucre à plus de dix folioles serrées 405) .... CENTAURÉE.
Involucre à moins de dix folioles lâches (p. 374) .... MICROPE.

633 RADIÉES { Feuilles alternes ou radicales. 634
Feuilles opposées.. 648

634 Graines couronnées par une aigrette de poils.......................... 635
Graines non couronnées de poils...... 643

635 Demi-fleurons de la même couleur que le disque.............. 636
Demi-fleurons d'une autre couleur que le disque........................ 641

636 Folioles de l'involucre imbriquées sur plusieurs rangs 637
Folioles de l'involucre disposées sur un seul ou sur deux rangs........... 638

637 Cinq à six demi-fleurons à chaque fleur (p. 367)......... .... VERGE D'OR.
Dix à douze demi-fleurons au moins... 639

638 Aigrette de poils simples tous semblables (p. 371). ... . INULE.
Aigrette double, l'intérieur formé de poils longs et l'extérieur de poils courts....(p. 372)...... PULICAIRE.

639 Feuilles radicales et naissant après les fleurs....(p. 361). .... TUSSILAGE.
Tiges garnies à la fois et de feuilles et de fleurs 640

640 Involucre à deux rangs de folioles dont l'extérieur très petit... ... .(p. 390) .... SÉNEÇON.
Involucre à deux rangs égaux..... (p. 389)................, ARNICA.

641 Demi-fleurons grêles, étroits et linéaires (p. 366)........ ERIGÉRON.
Demi-fleurons larges et oblongs....... 642

642 Involucre imbriqué, rayons bleus ..(p. 363).................... ASTER.
Involucre court, à 2 rangs de folioles presque égales (p. 365)... STÉNACTIS.

643 Réceptacle nu........................ 644
Réceptacle garni de paillettes 647

644 Graines courbées, plissées et irrégulières (p. 395) .... SOUCI.
Graines droites et régulières 645

645 Graines nues au sommet; folioles de l'involucre à un seul rang ....(p. 365)............... PAQUERETTE.
Graines couronnées par un rebord membraneux, involucre imbriquée. 646

646 Involucre hémisphérique, folioles scarieuses sur les bords........ (page 386)............... CHRYSANTHÈME.
Involucre plane, folioles peu scarieuses (p. 386)............... MATRICAIRE.

647 Réceptacle plane (p. 383). ... ACHILLÉE.
Réceptacle convexe (p. 384). CAMOMILLE.

648 Graines terminées par deux ou cinq dents ou arêtes, fermes et persistantes; réceptacle étroit.............. 649
Graines terminées par des arêtes molles et caduques; réceptacle très large (p. 369) .... HÉLIANTHÈME.

649 Graines terminées par deux ou quatre dents accrochantes ....(p. 368)................. BIDENS.
Graines terminées par cinq arêtes...(p. 369)................... TAGÈTÈS.

650 NAYADÉES { Plantes flottantes, composées d'une ou plusieurs feuilles, (p. 676)........... LEMNA.
Plantes adhérentes au fond de l'eau, et où l'on distingue une tige et des feuilles.... 651

651 { Feuilles entières; fruits de la grosseur d'une tête d'épingle........ (p. 842) .... CHARA.
Feuilles linnées; fruits de la grosseur d'un petit pois............... (p. 675)................... NAYADE.

CRYPTOGAMES.

652 { Feuilles roulées en crosses avant leur développement 653
Feuilles non roulées avant leur développement.................... 663

653 FOUGÈRES.. { Fruits portés sur la surface inférieure de la feuille... 654
Fruits en grappes ou en épis distincts de la feuille ... 661

654 { Capsules recouvertes d'un tégument .. 655
Capsules nues et non recouvertes par un tégument.......................... 660

5 { Capsules groupées sur les bords de la feuille......(p. 858)..... PTÉRIS.
Capsules groupées à la surface même de la feuille...................... 656

656 { Capsules groupées en lignes allongées.. 657
Capsules groupées en points ovals ou arrondis......................... 659

657 { Lignes de fructification parallèle à la côte principale de la feuille. . (page 857)................. BLECHNUM.
Lignes de fructification obliques ou perpendiculaires sur la côte........... 658

658 Lignes de fructification très longues, couvertes d'un tégument à deux valves linéaires. . .(p. 857). . . Scolopendre.
Lignes de fructification assez courtes et couvertes d'un tégument à une valve, (p. 854) . . . . Asplenium.

659 Tégument ombiliqué, attaché par le centre, et se détachant sur les bords, (p. 852). . . . . Polystichum.
Tégument réniforme, se soulevant du sommet à la base. .(p. 853). Aspidium.

660 Capsules groupées en points arrondis très-distincts. . . (p. 850). . . Polypode.
Capsules couvrant toute la surface inférieure des feuilles ou cachées par des écailles . . . .(p. 849). . . . Cétérach.

661 Feuille entière. .(p. 847). . Ophioglosse.
Feuille pennée ou bipennée. 662

662 Capsules sessiles et opaques . . . . . (page 847) . . . . Botrychium.
Capsules pédicellées, pellucides. . .(page 849). . . . . Osmonde.

---

663 Tiges articulées, à rameaux verticillés. . 664
Tiges non rameuses, ou dont les rameaux ne sont pas articulés. 665

664 Articulations entourées d'une gaîne polyphylle. . . .(p. 844) . . . . Prêle.
Articulations dépourvues de gaînes (page 842) . . . . Charagne.

665 Fructifications sessiles à l'aisselle des feuilles ou disposées en épis. . . .(page 859), ... Lycopode.
Fructifications pédicellées 666

666 Mousses. . Péristome double. 667
Péristome simple. 675
Péristome nul 691

667 Pédicelle terminal. 668
Pédicelle latéral...................... 673

668 Péristome intérieur membraneux...... 669
Péristome intérieur bordé de cils ou de dents.. 670

669 Coiffe double, l'extérieure composée de longs poils....(p. 863).... Polytric.
Coiffe simple, hérissée de poils courts et fins.....(p. 866)..... Oligotric.

670 Coiffe en forme de mitre............ 671
Coiffe ne couvrant pas entièrement la capsule.. 672

671 Capsule pyriforme, coiffe ventrue et tétragone à la base, toujours glabre, (p. 868)................ Funaire.
Capsule non en forme de poire, coiffe non ventrue et souvent velue.. (page 909). .... Orthotric.

672 Capsule presque globuleuse. .....(page 867)................. Bartramia.
Capsule pyriforme, obovale ou presque cylindrique.....(p. 869)..... Bryum.

673 Coiffe en forme de mitre........ (page 880). .... Fontinale.
Coiffe ne couvrant pas entièrement la capsule........ 674

674 Péristome externe à seize dents droites. alternant avec les cils du péristome interne.....(p. 878)..... Néckéra.
Péristome externe à seize dents; péristome interne membraneux et divisé en seize segments égaux (p. 880). Hypne.

675 Coiffe ne couvrant pas entièrement la capsule.. 676
Coiffe en forme de mitre............ 683

676 Dents du péristome contournées en spirale......(p. 893)... ... TORTULE.
Dents du péristome non tournées en spirale........................ 677

677 Trente-deux dents.................. 678
Seize dents........................ 681

678 Pédicelle latéral.................. 679
Pédicelle terminal................. 680

679 Trente-deux dents réunies par paire à leur base. . (p. 892).. . LEUCODON.
Seize dents bifides ou fendues en deux lanières jusqu'au milieu de leur longueur......(p. 898).... DICRANUM.

680 Dents rapprochées par paires....(page 896).. .... DIDYMODON;
Dents bifides, placées à égale distance les unes des autres. (p. 898).. DICRANUM.

681 Dents rapprochées par paires.....(page 896) . ... DIDYMODON.
Dents placées à égale distance les unes des autres. 682

682 Dents bifides ..(p. 898). .. DICRANUM.
Dents entières. ..(p. 902).... WEISSIA.

683 Péristome membraneux, conoïde, plissé et tronqué . (p. 913) .. DIPHYSCIUM.
Péristome bordé de dents ou de cils.... 684

684 Trente-deux dents 690
De quatre à seize dents entières ou bifides. 685

685 Dents bifides (p. 903) THESANOMITRION.
Dents entières au sommet 686

686 Coiffe très-grande, en forme d'éteignoir, recouvrant toute la capsule. . .(page 904)....... .... ÉTEIGNOIR.
Coiffe non en éteignoir..... 687

687 Quatre dents...(p. 912).... TÉTRAPHIS.
Huit ou seize dents................ 688

688 Huit dents marquées de trois sillons longitudinaux, ou seize dents marquées d'un seul sillon (p. 909). ORTHOTRIC.
Seize dents non sillonnés............ 689

689 Dents du péristome en forme d'alêne et divisées dès la base. (p. 906). TRICHOSTOME.
Les dents du péristome pyramidales, entières ou perforées. (p. 907). GRIMMIA.

690 Trente-deux dents réfléchies; capsule portée sur une apophyse.......(page 913)..................... SPLANC.
Trente-deux dents filiformes et contournées en spirale; capsule dépourvue d'apophyse....(p. 905).. CINCLIDOTE.

691 Opercule passager................... 692
Opercule persistant. (p. 917). PHASQUE.

692 Coiffe peu distincte, qui se rompt en long et entoure la base de la capsule, (p. 915)................ SPHAIGNE.
Coiffe très-distincte, qui se rompt en long et n'entourant pas la base de la capsule........................ 693

693 Coiffe en capuchon, opercule oblique, terminé par un bec............(page 914)............ GYMNOSTOME.
Coiffe en forme de mitre, opercule aplati, (p. 915).............. ANICTANGIUM.

FIN DE LA TABLE ANALYTIQUE.

EXTRAIT
DU CATALOGUE
DE LA LIBRAIRIE
DE VERRONNAIS,
IMPRIMEUR ET LITHOGRAPHE,
Rue des Jardins, 14, *à Metz*.

AIDE-MÉMOIRE D'UN PRÉSIDENT D'ASSISES, par *le baron Dufour*, conseiller à la cour royale de Metz; ouvrage indispensable à MM. les Présidents et Conseillers des Tribunaux; Un vol. in-4.° grand-raisin avec des Tableaux contenant l'application des Lois; 2.e édition, prix : 5 fr.

AIDE-MÉMOIRE MÉDICO-LÉGAL de l'officier de santé de l'armée de terre, ouvrage dans lequel sont traitées toutes les questions de droit relatives à la médecine militaire, à l'opération médicale du recrutement, et aux devoirs que les officiers de santé ont à remplir dans les diverses positions où ils sont placés; publié avec autorisation du Ministre de la guerre, et encouragés par le conseil de santé des armées; par *F.-C. Maillot*, ancien médecin en chef de l'hopital militaire de Bone, professeur à l'hôpital d'instruction de Metz, *J.-A.-E. Puel*, médecin ordinaire attaché à l'état-major de la 3.e division militaire de Metz, membre de plusieurs sociétés savantes; un volume in-8.° de 655 pages, 6 fr.

BIOGRAPHIE DU DÉPARTEMENT DE LA MOSELLE, ou Histoire par ordre alphabétique, de toutes les Personnes nées dans ce département, qui se sont fait remarquer par leurs actions, leurs talents, leurs écrits, leurs vertus ou leurs crimes; par *Ém.-Aug. Bégin*, auteur de l'Histoire du Pays-Messin, membre de la Société des Antiquaires de France et de plusieurs académies. Cette biographie, l'un des ouvrages les plus remarquables qui aient été publiés depuis quelques années dans le nord-est de la France, juge les morts et les vivants avec une égale impartialité. Elle forme 4 vol. in-8.° avec 16 portraits imprimés en taille-douce, 8 fr.

COURS D'HISTOIRE NATURELLE professé au collége royal de Metz, par *Fournel*, membre de l'Académie royale de Metz et de la Société d'histoire naturelle du département de la Moselle, etc.; un vol. in-8.°, 1.re partie, 6 fr.

COURS DE MACHINES, ou Étude des Machines en usage dans les établissements de l'artillerie, par *J.-C. Migout*, chef d'escadron d'artillerie, ancien élève de l'école polytechnique, et *C.-L. Bergery*, ancien élève de l'école polytechnique, ancien capitaine d'artillerie, professeur de sciences appliquées à l'école royale d'artillerie de Metz, membre correspondant de l'Institut de France, etc.; un vol. in-8.° avec planches, 7 fr.

DICTIONNAIRE PITTORESQUE D'HISTOIRE NATURELLE ET DES PHÉNOMÈNES DE LA NATURE, contenant toutes les nouvelles découvertes en histoire naturelle; l'histoire des animaux, des végétaux, des minéraux, des météores, des principaux phénomènes physiques et des curiosités naturelles, avec des détails sur l'emploi des productions des trois règnes dans l'usage de la vie, les arts et métiers et les manufactures; rédigé par MM. Bibron, Boblaye, Bory de Saint-Vincent, Burat, Clavé, Cocteau, d'Orbigny (Charles), Doyère, Duclos, Foy, Garnot, Gentil, Gerbe, Gervais, Grimaud de Caux, Guérin-Méneville, Guichenot, Guillaumé, Huot, Huppé, Jacquemin, Jubé de la Pérelle, Lallemand, Laurent, Lemaire, Levêque, Lucas, Malpeyre, Martin-Saint-Ange, Meunier, Percheron, Rivière, Rousseau (Alex.). Rousseau (Emm.), Rousseau (Louis), Sander-Rang, Thiébaut et Berneaud, Virlet.

Chaque article est signé par son auteur.

Sous la direction de M. F.-E. Guérin-Méneville.

Le prix de l'ouvrage complet, texte et planches, formant neuf volumes grand in-4.°, avec gravures en noir, est de 90 fr.

Gravures coloriées avec soin, 216 fr.

FAUNE DE LA MOSELLE, ou MANUEL DE ZOOLOGIE, contenant la description des Animaux libres ou domestiques observés dans le département de la Moselle ; ouvrage rédigé d'après la méthode de Cuvier, par *Fournel*, Professeur d'Histoire naturelle et de Botanique de la ville de Metz ; première partie : *Mammifères, Oiseaux, Reptiles, Poissons et Mollusques ;* un volume in-12, de 500 pages, 3 fr. 50 c.

FAUNE DE LA MOSELLE, ou MANUEL DE ZOOLOGIE, contenant la description des Animaux libres ou domestiques observés dans le département de la Moselle ; ouvrage rédigé d'après la méthode de Cuvier, par *D.-H.-L. Fournel*, Professeur d'Histoire naturelle et de Botanique de la ville de Metz, Membre titulaire de l'Académie royale de Metz et de la Société d'Histoire naturelle du département de la Moselle ; Membre correspondant des sociétés linnéenne de Normandie, des Sciences naturelles de Liège, d'émulation des Vosges, etc., deuxième partie : *Animaux articulés ;* tome premier : *Annélides, Crustacés, Arachnides, Insectes myriapodes et hexapodes, jusqu'aux Lamellicornes exclusivement ;* un volume in-12, de 624 pages, 3 fr. 50 c.

GUIDE DE L'ÉTRANGER A METZ ET DANS LE DÉPARTEMENT DE LA MOSELLE, couverture, frontispice, plan de Metz et seize vues lithographiés avec soin. C'est le *Vade-mecum* de tous les voyageurs, et le livre indispensable à quiconque désire posséder des notions certaines sur une ville importante par sa position militaire ; par *É.-A. Bégin ;* un volume in-18, 3 fr.

HISTOIRE DES SCIENCES, DES LETTRES, DES ARTS ET DE LA CIVILISATION DANS

LE PAYS-MESSIN, depuis les Gaulois jusqu'à nos jours ; par *E.-A. Bégin*, docteur en médecine, membre de plusieurs académies ; in-8.° de 600 pages, broché, 5 fr.

Avec la Carte du département de la Moselle, prix : 6 fr.

Cet ouvrage, fruit d'immenses recherches, écrit avec le calme d'un esprit réfléchi, donne une idée juste des institutions, des mœurs, des coutumes, et de l'état des sciences, des lettres et des arts dans le Pays-Messin, depuis les Gaulois jusqu'à l'époque actuelle. Il renferme une infinité de détails curieux puisés dans les vieilles chroniques et qu'on chercherait vainement ailleurs. C'est, au dire de Grégoire et Dulaure, de MM. Guizot, Eloi Johanneau, G. Peignot et autres excellents juges en pareille matière, un des meilleurs ouvrages qui existent en fait d'histoires locales. Parmi une infinité de témoignages honorables que l'auteur a reçus des corps savants, nous citerons ceux de la *Société royale des Antiquaires de France*, de la *Société française de Statistique universelle*, des *Académies royales de Marseille*, *Rouen*, *Dijon*, *Strasbourg*, *etc.*

HISTOIRE DE THIONVILLE, suivie de divers Mémoires sur l'origine et l'accroissement des Fortifications, les Établissements religieux et de charité, l'instruction publique, la Topographie, la Population, le Commerce et l'Industrie, etc. ; de Notes biographiques ; de Chartes et Actes publics dans les langues romane et teutonne, etc. Par *G.-F. Teissier*, ancien préfet de l'Aude. Un volume in-8.°, avec plusieurs planches et le portrait de l'auteur, 5 fr.

Le même, papier superfin, 6 fr.

Ce livre dont l'auteur est malheureusement décédé, n'aura pas de nouvelle édition. La première s'épuise ; il n'en reste que peu d'exemplaires. On sait que cet ouvrage a obtenu le premier des prix décernés en 1829 par l'Institut royal de France aux meilleurs écrits sur l'histoire et les antiquités nationales.

HISTOIRE ET DESCRIPTION PITTORESQUE DE LA CATHÉDRALE DE METZ ET DES EGLISES ADJACENTES ET COLLÉGIALES, par *É.-A. Bégin*, docteur en médecine; 2 vol. in-8.°, grand-raisin superfin, ornés de 300 gravures, vignettes, etc., 16 fr.

NOTICE SUR LES DEUX SIÉGES DE METZ DE 1444 ET 1552, SUIVIE DE LA RELATION DU SIMULACRE DU SIÉGE DE CETTE VILLE pendant septembre 1844, et des opérations des camps de la Moselle ; un vol. in-8.° avec un nouveau Plan de la ville et des Fortifications. Ouvrage auquel on a ajouté quelques Notes statistiques et historiques sur les Villages où se sont passées les opérations. Prix broché : 4 fr. et 5 fr. 50 c. avec la planche du camp de la Grange-aux-Dames.

NOUVELLE FLORE DE LA MOSELLE, Manuel d'Herborisation dans les environs de Metz principalement, et les autres parties du département ; 2.° édition, disposée suivant la Méthode naturelle de *De Candolle*, par *Holandre*, ancien bibliothécaire et conservateur du musée d'histoire naturelle de Metz, membre de plusieurs sociétés savantes ; 2 ou 1 volume in-18 de 950 pages, 7 fr.

STATISTIQUE HISTORIQUE, INDUSTRIELLE ET COMMERCIALE DU DÉPARTEMENT DE LA MOSELLE, contenant les Villes, Bourgs, Villages, Annexes, Hameaux, Moulins, Fermes, Usines, Rivières et Ruisseaux, publiée sous les auspices de M. Germeau, préfet de la Moselle, officier de la Légion-d'Honneur, par *Verronnais*, Imprimeur-Libraire et Lithographe à Metz. Ouvrage encouragé par le conseil général. Un vol. in-8.° divisé en deux parties, de 780 pages, avec une nouvelle carte du département de la Moselle, contenant les bois, les routes des arrondissements, des cantons, royales, communales, chemins, ruisseaux, villes et bourgs, les villes de guerre, chefs-lieux de canton, les communes annexes et hameaux, relais de poste, bureaux de poste, bureaux de poste aux lettres, lieux d'étapes, le plan de Metz, sur une feuille grand colombier, COLORIÉE. Cette carte est réduite de celle de France du dépôt de la guerre.

PRIX : broché, 8 fr.; relié 9 fr.

La carte qui accompagne cet ouvrage pouvant être placée dans les salles d'école, on pourra se la procurer détachée du volume.

Le prix du volume et de la carte collée sur toile avec deux bâtons, deux anneaux et un vernis dessus afin de pouvoir la laver avec une éponge lorsqu'elle sera sâle, est de 9 fr. 50 c. broché, et 10 fr. 50 c. le volume relié.

Cet ouvrage est divisé en deux parties : la première

contient un coup-d'œil sur la topographie, les rivières et ruisseaux, les étangs, marais, fontaines, sources minérales; sur la constitution minéralogique et géologique; sur les brouillards, les maladies, la mortalité, l'origine et le langage des habitants, sur la végétation spontanée, les régions botaniques, forêts, bruyères, tourbières; sur les animaux vertébrés observés dans le département; sur le climat, la constitution atmosphérique; sur l'instruction primaire, le recrutement, la marche des crimes et délits, la mendicité, la charité publique; sur l'agriculture, les vignes; sur les bestiaux et leur consommation; sur les chevaux, les maladies et les épizooties; sur l'horticulture, les jardins, vergers, pépinières; sur les abeilles, vers à soie, mûriers; sur l'industrie, le commerce, la navigation, les projets des canaux et des chemins de fer, etc., etc.

Les évènements arrivés dans ce département pendant les années 1813, 1814, 1815 et 1830, sont rapportés comme choses utiles à citer. Nous n'avons pas voulu remonter à des dates plus anciennes, parce que nous aurions été dans la nécessité de faire deux volumes au lieu d'un.

La deuxième partie contient l'état des villes, bourgs, villages, annexes, hameaux, moulins, fermes, usines, fabriques; les bureaux de postes par lesquels ils doivent adresser leurs lettres; les postes aux chevaux; les distances au chef-lieu du département, de l'arrondissement et du canton; les populations, le nombre de maisons existant dans chaque localité, *chose utile à connaître en cas de réunions de troupes pour les loger;* les maisons d'école, le nombre d'enfants qui les fréquentent pendant la saison d'hiver; le revenu approximatif de chaque instituteur; l'étendue de chaque commune en hectares, ares et centiares du territoire productif, comme bois, terres labourables, vignes et pâtis; les carrières, tuileries, briqueries, fours à chaux; enfin, ce qui existe actuellement dans chaque communes du département, comme les forges, les grandes usines, les fabriques, les tanneries, le commerce en général; les rivières, les ruisseaux, les étangs, les fontaines, les puits, les lavoirs, et les diverses espèces de poissons, d'anguilles, et d'écrevisses qu'ils nourrissent dans leur sein; le gibier qui peuple nos bois, les oiseaux les plus communs et les plus rares qui les fréquentent.

Nous indiquons également les églises et tout ce qu'elles renferment de plus curieux, les lieux où l'on trouve du minerai, du marbre noir, les pierres pouvant servir à lithographier, les diverses sortes de pierres à chaux, de tailles, de plâtre gris et blanc, l'argile ferrugineuse, la terre à poterie, le sulfate de baryte ou spath pesant, du lignite, les substances minérales, les eaux salées, sulfureuses, bitumineuses et ferrugineuses.

Nous avons indiqué les personnes marquantes nées dans ce département.

Ne voulant pas donner au hasard des notices sur les lieux qui ne nous étaient pas parfaitement connus, nous avons prié MM. les Maires, les Ecclésiastiques et autres personnes connaissant bien leur localité, de nous adresser des renseignements positifs. Nous les prions ici d'en recevoir nos sincères remercîments.

TAILLE DES ARBRES FRUITIERS (la), mise à la portée des gens du monde, avec une Planche représentant des arbres taillés, par *le baron D...*, un vol. in-18; prix : 1 franc.

www.ingramcontent.com/pod-product-compliance
Ingram Content Group UK Ltd.
Pitfield, Milton Keynes, MK11 3LW, UK
UKHW020347180726
13839UKWH00002B/959